JN029158

川と人の関係を結びなおす

長良川のアユと河口堰

蔵治光一郎 編

農文協

世界に誇る清流長良川の水文化

日本三大清流に数えられる長良川。岐阜県の大日ヶ岳から伊勢湾まで延長166km、流域人口80万人を抱えながら中流域まで清流を保ち、名水百選、日本の水浴場88選（河川で唯一）に選定。1995年の河口堰運用前は本州の大河で唯一本流にダムと堰のない川と言われ、山・川・海の連続した生物圏の上に豊かな水文化が育まれてきた。

長良川源流、叺谷（かますだに）。ブナの根元から清冽な水が湧き出す（1992年、磯貝政司撮影、以下I）

河岸段丘の水田（郡上市大和町）。平坦な段丘面は農業に適し、住民の生活のよりどころ（1990年、I）

夏の吉田川。岩場から川に飛び込む。郡上八幡の子供は川で育つ（1987年、I）

アユ釣り解禁（関市）。夏の間、長良川のアユを求めて全国の太公望が訪れる（1992年、I）

郡上竿をつくる福手福雄氏。流れの激しい長良川上流部でのアユ釣りのために生まれた竿（1992年、I）

郡上ビクをつくる嶋数男氏。丈夫で魚が形崩れせず鮮度も落ちないと評判のビクだった（1991年、I）

郡上八幡に伝わる郡上本染、鯉のぼりの寒ざらし。「冷たい水ほど色が引き締まる」と渡辺庄吉氏（1990年、I）

板取川の川浦谷（かおれだに）。「奥美濃の黒部」「男一人を川浦にやるな」と言われる険谷（1990年、I）

コウゾの寒ざらし。美濃和紙の原料のコウゾを水にさらす。美濃市の板取川（1990年、I）

アユ網解禁。8月12日正午のサイレンが合図。洞戸村（現関市）の板取川（1990年、I）

河原めし。お盆にご先祖様を迎え、家族で食事をする伝統行事。美濃市下牧の板取川（1990年、I）

長良川の鵜飼（岐阜市長良）。大宝2年（702）の正倉院宝物「御野（＝美濃）国戸籍」に、すでに「鵜養部」の名がある（1991年、I）

瀬張り網漁。瀬に白い布を敷き、落ちアユが警戒して留まったところを、舟から一網打尽（1991年、I）

河口堰反対のカヌーデモ。川遊びカヌーの草分け・野田知佑氏の呼びかけで全国のカヌー愛好家が集結（1989年、I）

体験型舟旅。増水後、条件が整うと、岐阜市内でも目を奪われるほどの川色が出現する（2014年10月19日、写真提供：天然鮎専門 結の舟、以下Y）

出漁。赤須賀漁港（桑名市）から出港するシジミ漁の漁船。乱獲防止のため、漁日は週3日（1989年2月14日、I）

シジミ漁。漁船の向こうに浚渫船が見える（1991年12月8日、I）

シジミ出荷作業。昼のセリ市に出すため、家族総出で洗浄・選別（1990年3月11日、I）

いっぷく。揖斐・長良川河口部のシジミ漁で生計を立てる漁民は約200人。作業の合間、とれたてのシジミ汁に舌鼓（1990年3月11日、I）

夕映えの木曽三川。左から木曽川、長良川、揖斐川（1987年、I）

長良川の生き物たちと河口堰

アユをはじめ、海と川を回遊する生き物、汽水域で生活する生き物は、長良川の大切な恵みであり、川の生物圏の連続性、持続可能性の指標でもある。河口堰はその営みを分断した。

長良川のアユ（2010年6月2日、岐阜市、向井貴彦撮影、以下M）

アユの産卵。オスとメスが砂を巻き上げながら産卵する（2018年11月5日、岐阜市、伊藤義弘撮影）

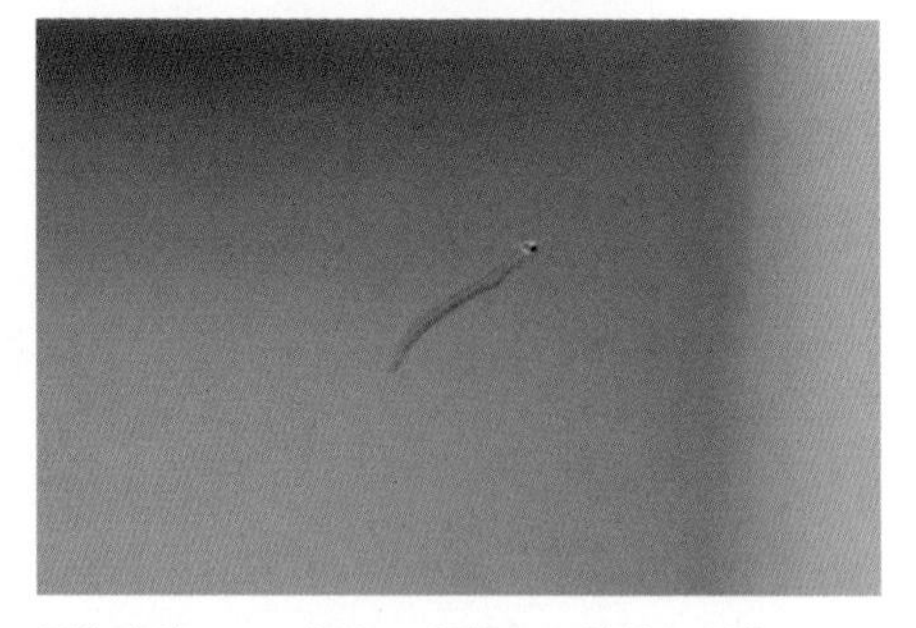

孵化直後のアユ仔魚。産卵10日前後で孵化して海に下るが、河口堰の影響で大半の仔魚が海に下れず死ぬ（2013年11月18日、岐阜市、M）

「サツキマスは長良川のお姫様やて」と川漁師は言う。肉は淡いピンク色で美味（1992年、I）

サツキマス。河口堰運用後に激減（2014年5月6日、世界淡水魚園水族館アクア・トトぎふ、M）

モクズガニ。秋、海に下り産卵する。蟹味噌や内子（卵巣）が濃厚で、鍋や味噌汁に入れるとコクが出る（2017年12月11日、Y）

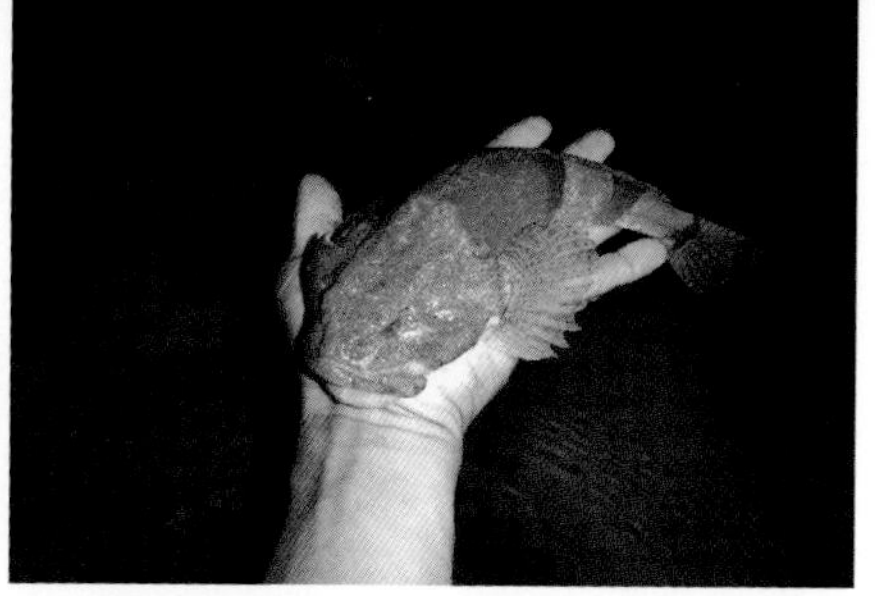

幻の魚、アユカケ。海と川を行き来するが、落差のある魚道や堰は遡上できない（2015年9月11日、岐阜市、Y）

ベンケイガニ。下流域の川岸に穴を掘って生活。長良川では激減（2018年9月23日、揖斐川、M）

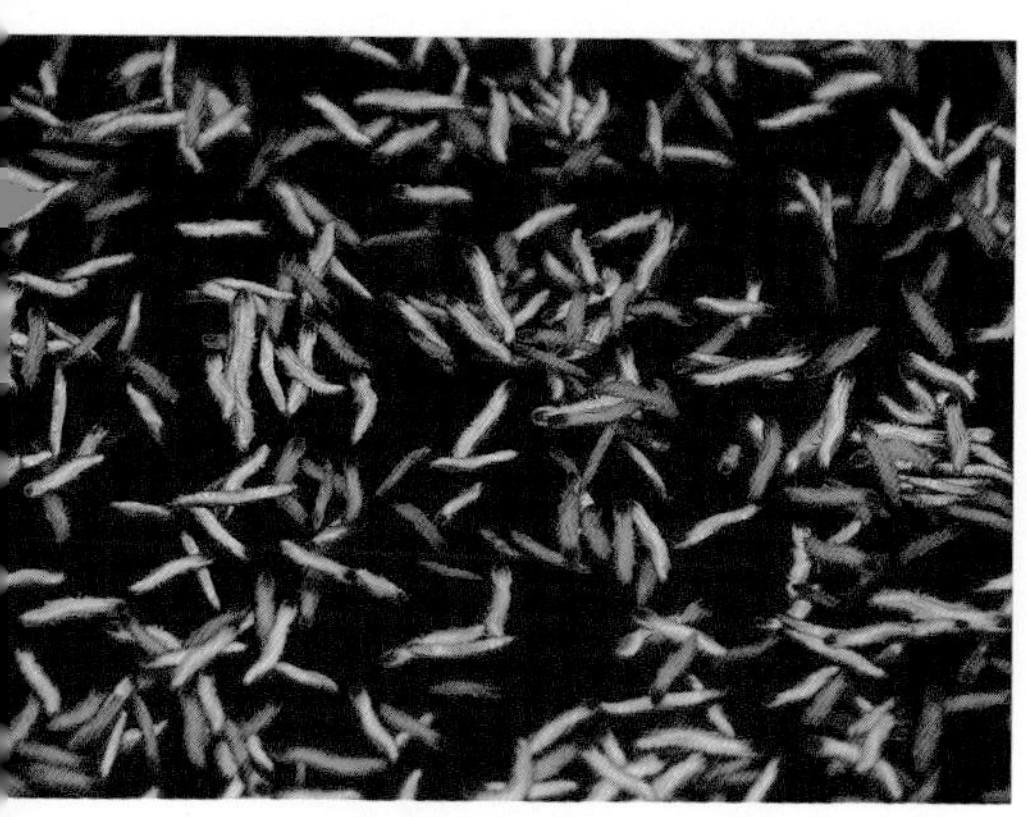

イトメの生殖群泳。釣りでバチ抜けと呼び、スズキなど魚類が捕食に集まる。河口堰湛水域では消滅（2009年11月18日、揖斐川6.8 km地点右岸、長野浩文撮影）

長良川では激減したスズキ（上）、シラウオ（中）、マハゼ（下）。いずれも揖斐川産（M）

長良川河口堰。下流側から撮影（『長良川下流域生物相調査報告書2010』、以下N）

上空から見た河口堰。左が揖斐川、堰下流で長良川と合流。右上が木曽川（2000年10月、国土地理院空中写真）

河口堰運用前のヨシ群落（河口から6.2 km）。満潮時は魚類の隠れ場や採餌場、干潮時はカニ類の活動の場（伊勢大橋より撮影、N）

河口堰運用後の同一地点。ヨシ群落は消滅、左端の植物群落はオギとヤナギ（植物群落を撮るためカメラは少々左向き、N）

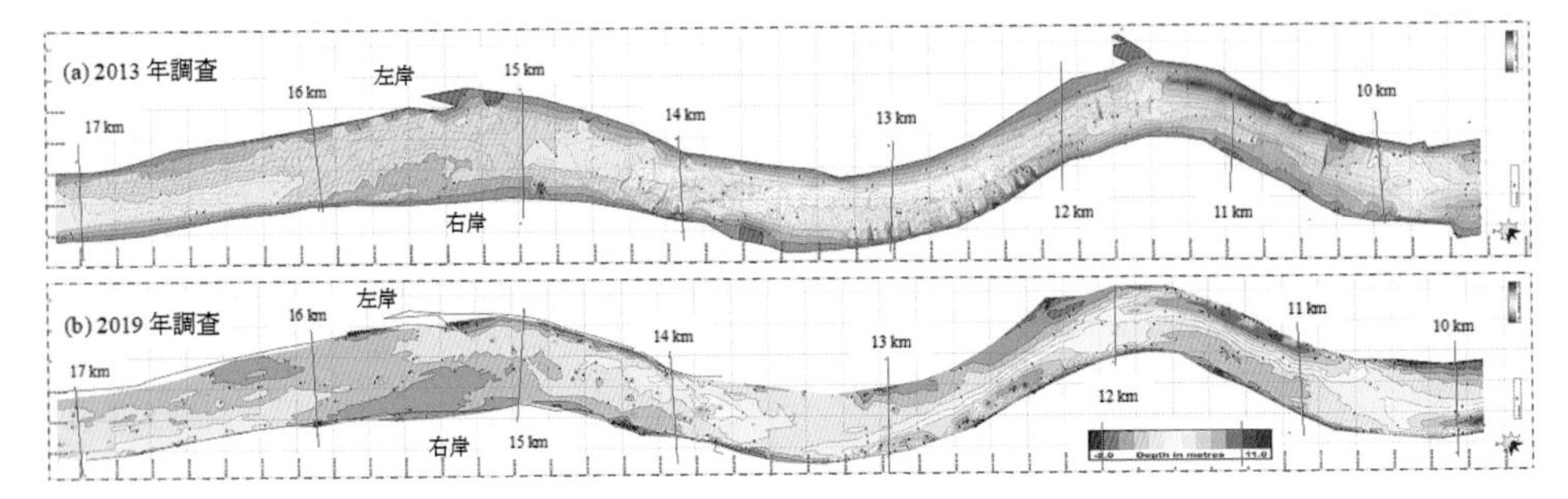

2013年と2019年の河床比較（河口10～17km）。水深が深い部分（青）はより深く、浅い部分（橙）はより浅く変化。塩水遡上を止めるマウンド（盛上り）再形成が進む（愛知県）

はじめに──世界農業遺産、日本三大清流のアユは語る

蔵治光一郎（くらじこういちろう）

50年以上前の1972年、ローマ・クラブは、経済成長に自らブレーキをかけて安定させる以外に地球人類の持続可能な未来はない、という予測（『成長の限界』）を発表しました。2009年には環境学者のヨハン・ロックストロームが、気候変動、生物多様性の喪失、窒素・リンの循環は、すでに地球の限界を超えていることを発表しました。

歴史を振り返ると、私たちは近代化の名のもとに、利便性・合理性・安全性・経済性・グローバリゼーションなどを追求して生物圏に手を加え、社会や経済をつくってきました。その結果、生物圏は大きく変化し、その上に立つ社会や経済の持続可能性も危ぶまれるようになりました。生物圏の持続可能性を最重要課題と考える社会への変革（トランスフォーメーション）をSDGsは求めています。

日本でも、かつて生物圏、社会、経済を巡る論争がありました。その代表的な例として長良川河口堰の建設が挙げられます。地球上に山・川・海が連続した生物圏が形成され、有史以来、その上に川と流域の恵みで生きる地域社会、地域経済が形成されてきました。近代化に伴い、川は人間の都合に合わせて徐々に手が加えられましたが、長良川では川の恵みで生きる人たちの日々の営みが戦後も続けられてきました。1960年頃、経済基盤を強化し、国民所得の増大を図るため、中京工業地帯などの新規水需要に対して

多量の水を供給でき、塩害防止を兼ねた長良川潮止堰を建設する計画が提案されました。その是非を巡り激しい論争が繰り広げられましたが、結果として１９９５年に河口堰が運用を開始し、汽水域の生物圏は大きく変化しました。

今の若い人たちは過去の論争を知らず、河口堰は初めからそこにあるものです。一方で、ＳＤＧｓは小学校で教育されるようになり、長良川の生物圏を象徴する天然アユは岐阜市で準絶滅危惧種に指定され（後に取り消し）、「清流長良川の鮎」は世界農業遺産に認定されました。

本書では、社会や経済の基盤である生物圏の喪失が地球の限界を超えていることが明らかになった時代において、「経済基盤を強化し、国民所得の増大を図る」ために人の手が加えられた長良川の生物圏を再生し、社会や経済の基盤として復権する可能性を探ります。

第Ⅰ部と第Ⅱ部では、長良川の生物圏を代表する生物としてアユを取り上げます。アユは海域から上流まで広く回遊する魚で、川の生物圏の持続可能性の指標となります。また鵜飼を通じた観光資源や地域の水産資源として重要な生物です。アユ以外の動植物にも目を配りながら、データをもとに、長良川の生物圏に起きたこと、起きつつあることを、不確実性も踏まえつつ解説します。

第Ⅲ部では、長良川河口堰に焦点を絞り、治水、利水、塩害防止といった河川管理の観点や社会経済的な観点から、この30年間に起きた変化を検討していきます。変化には地球温暖化による気候変動、海水温や潮位の上昇、土砂の堆積といった自然現象から、水需要の減少、人口減少といった社会現象、土砂の浚渫（しゅんせつ）などの工事までが含まれます。河口堰の運用しだいで、生物圏・社会・経済の、より良い調和を図る可能性を考えます。

第Ⅳ部では、河口堰の最適運用に向けて、世界の先進事例を紹介します。河口付近の災害の防御や淡水資源の確保のための工事と、それによって変化する生物圏の持続性との調和を目指し、モニタリングや運用の再検討が世界中で行なわれてきました。長良川のアユや河口堰については国や岐阜県、愛知県の委員会で議論が続けられていますが、その議論が世界的な議論の中でどのように位置づけられるかを考えます。

未来の世代に我々は何をつないでいくのか、長良川の生物圏の過去、現在、そして未来の可能性を、若い人にも知ってもらえればと願っています。

目次

口絵　i

はじめに――世界農業遺産、日本三大清流のアユは語る　蔵治光一郎　1

●ＳＤＧｓとアユと河口堰（相関図）　12

●木曽三川（木曽川、長良川、揖斐川）流域図　14

Ⅰ 長良川の恵みとなりわい今昔

長良川の鵜飼の奥深い世界　岩佐昌秋　16

最後の１艘で守る夜川網漁　中山文夫　25

80歳現役漁師が見た「ばばちい川」　大橋亮一　28

憧れの川漁師、知られざる川の世界　平工顕太郎　34

【付記】その後の長良川　平工顕太郎　42

Ⅱ　長良川のアユと生態系に起きていること

なぜ天然アユが準絶滅危惧種に？　高橋勇夫　46

1．減りゆく天然アユ　46
2．アユの生活史──海と川で育つ魚　47
3．アユはなぜ海と川を行き来するのか　50
4．回遊を阻害するダムや堰　51
5．河口堰の影響で海に下れず死ぬ仔魚　52
6．冷水病と小型化問題　54
7．準絶滅危惧種への指定とその削除　56

長良川のアユと河口堰　古屋康則　60

1．私と長良川とアユ　60
2．長良川におけるアユの生活史の変化　61
3．河口堰により長大な汽水域が消失　64
4．アユへのさまざまな影響　65
5．漁獲高の変化──なぜ減ったのか？　66
6．大半の仔魚が海に下れず死んでいる　68
7．遡上する若魚の小型化　70
8．人工授精卵の孵化・放流事業　71

9．世界農業遺産には認定されたが…… 73
【コラム】長良川のアユを支える揖斐川のアユに異変　古屋康則 74

河口堰による生態系の変化　向井貴彦 77

1．生物多様性を支える汽水域 77
2．河口堰運用以前の長良川 78
3．河口堰運用による川底や水位の変化 81
4．ヨシ群落の消失 82
5．魚類相の変化——シラウオ、スズキはなぜ消えた？ 84
6．底生生物の激減——ベンケイガニ、イトメ、シジミ 85
7．通し回遊魚への影響——サツキマス、ウナギの激減 87
8．伊勢湾への影響 90
7．長良川再生の可能性 90
【コラム】過剰な放流は魚類を減らし、自然を失わせる　向井貴彦 94

温暖化が長良川にもたらしたもの　原田守啓 98

1．温暖化による豪雨の増加 98
2．洪水はどれだけ増えるのか 99
3．いつのまにか進んでいた「川の温暖化」 101
4．高水温とアユの「スーパー土用隠れ」 102
5．アユの産卵降河が1か月遅れに 104

6. 清流長良川を支えている仕組み　105
7. ダムがないゆえに川をいじらざるをえないという矛盾　106
8. 川がもたらす恵みと災いのコミュニケーションを　108
9. 流域治水という希望　110

III

ふたたび、いのち幸ふ川へ——河口堰という試金石

長良川に「健全な水循環」を取り戻す　蔵治光一郎　112
1. 私と長良川——旅の記憶、思わぬ経験　112
2. 「健全な水循環」と長良川の過去・現在・未来　113
3. 淡水域、汽水域、海域の川の生物圏を保全する法的な義務　115
4. 流域として総合的・一体的に水を管理する　116
5. 川の「作用」と「機能」——求められる汽水域の復活と生き物の自由な往来　118
6. 持続可能な流域社会へ　119

なぜ今、河口堰の「最適運用」なのか　小島敏郎　121
1. 始まりは高度経済成長期の「河口ダム構想」　121
2. 高度経済成長の終わりと費用の付け替え——三重県から愛知県と名古屋市へ　122
3. 河口堰の水の利用はわずか16％——水利権と建設費　123
4. つくってしまった河口堰と賢い支出——「損切り」と「追加支出」　125

5. 迫る更新・大規模改修、その費用負担 126
6. 日本近海の水温が上昇している 127
7. 激甚な水害と渇水に備える 128
8. 干満に合わせたゲート操作でＳＤＧｓに対応した生物多様性保全を 129

気候変動と大地震への備え 今本博健 130
1. 頻発する大洪水――地球温暖化の現状と予測 130
2. 気候変動で変わる水害対策の考え方 131
3. 長良川の洪水・高潮と河口堰のリスク 132
4. 想定される大規模地震――南海トラフ地震 133
5. 地震による破堤と津波への懸念 135
6. 長良川の河川津波と河口堰のリスク 135

長良川治水の「これまで」と「これから」 今本博健 137
1. 河口堰建設の経緯――利水・治水・環境の現在 137
2. 河口堰の建設は必要だったか 139
3. 計算水位は適正だったか――採用された「普通でない方法」 142
4. 治水方式の変遷――定量治水と非定量治水 144
5. 長良川治水の「これから」――流域治水と環境対策 146

河口堰開門で塩水はどこまで遡上するか　藤井智康　150
1. 堰建設前後の土砂堆積と浚渫の状況　150
2. 河床形状はどう変化したのか　151
3. 塩水遡上シミュレーションの結果と実測値　153
4. 「塩水遡上＝塩害」ではない　155
5. 塩害を防ぎ、生態系のダメージも最小限に　156

伊勢湾の漁業・環境と河口堰　鈴木輝明　158
1. 急激な漁獲の減少と貧酸素化・貧栄養化　158
2. 河口堰の伊勢湾への影響の可能性　162
3. 河口域はアサリなど二枚貝の成育に重要な場　164

社会経済構造の変化に対応した水の使い方　富樫幸一　166
1. 水需要の過大予測を繰り返してきた「フルプラン」　166
2. 河口堰の開発水は1割しか使われていない　168
3. なぜ水需要予測は絶えず失敗してきたか　171
4. 水需要予測は税負担・使用料負担に直結　175
5. ダム開発の限界と水道事業のダウンサイジング　176

異常渇水にも対応できる新しい水利用秩序へ　伊藤達也　179
1. 私たちはどのような社会を生きているのか　179

2. 水道需要の減少　180
3. 工業用水需要の減少　182
4. 水需要減少下での水資源計画――目的の失われた河口堰の開発水利権　183
5. 経済に負担をかけない計画　184
6. 環境を傷つけない計画　186
7. 異常渇水時の水利用――被害と対策　187
8. 農業用水と河川維持用水の利用　188

Ⅳ 河口堰の最適運用に向けて

世界の河口堰の先進事例に学ぶ　武藤 仁・青山己織　192
1. 長良川河口堰の現状――汽水域を回復させない「弾力的運用」　192
2. オランダ・ハーリングフリート河口堰――新操作方式で環境改善　193
3. 韓国・ナクトンガン河口堰――開門の実証試験を重ね生態系回復　197
4. 長良川河口堰の最適運用――多様な操作が可能な施設を生かす　200
【コラム】福原輪中の塩害を防ぐ「アオ取水」　伊藤達也　202

おわりに――近くて遠い川と人の関係を結びなおすために　蔵治光一郎　203

●源流遊行絵図　206
【付録】それが「長良」やがね　大橋亮一・尾瀬妃那実　208
●主な参考文献　219
●年表――世界の環境問題と長良川　220
●執筆者一覧　222

カバー・表紙画　村上康成

17 パートナーシップで
目標を達成しよう

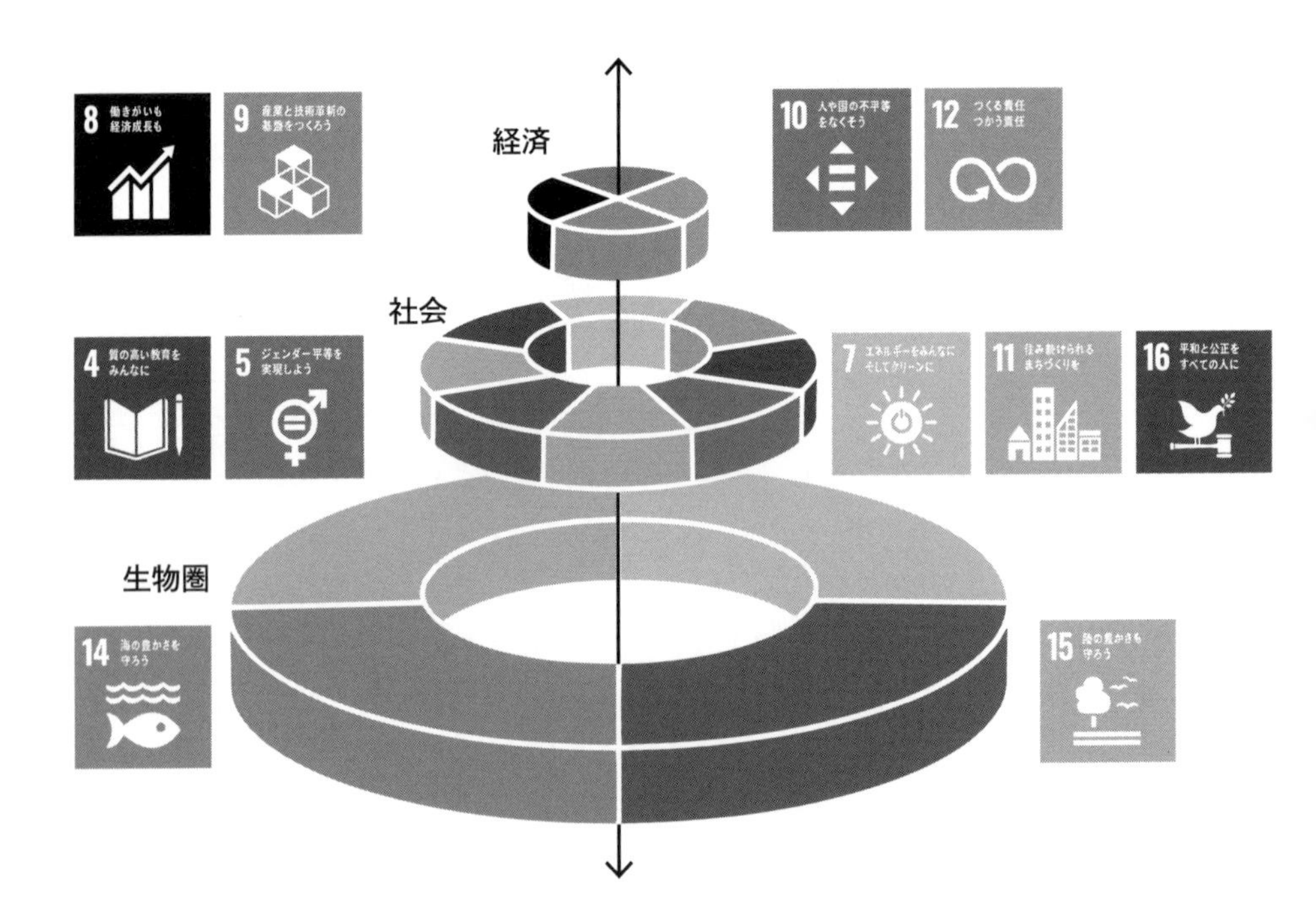
経済
社会
生物圏
8 働きがいも
経済成長も
9 産業と技術革新の
基盤をつくろう
10 人や国の不平等
をなくそう
12 つくる責任
つかう責任
4 質の高い教育を
みんなに
5 ジェンダー平等を
実現しよう
7 エネルギーをみんなに
そしてクリーンに
11 住み続けられる
まちづくりを
16 平和と公正を
すべての人に
14 海の豊かさを
守ろう
15 陸の豊かさも
守ろう

パートナーシップ
共進化してきたコミュニティ・水防・普請の共衰退、流域水循環を俯瞰する組織・制度の欠如

経済
第一次産業・伝統的地場産業の衰退、観光・レクリエーション産業へのダメージ

社会
水の恵みで生き水災害と賢く付き合う生活(水文化)の喪失、想定外規模の災害に脆弱な社会

生物圏
過度な自然改変、通し回遊魚の減少や形態の変化、生物生息域の植物群落の衰退、餌資源の劣化、健全な水循環の喪失

◉ＳＤＧｓとアユと河口堰 (相関図)

出典：Stockholm Resilience Centre (一部改変)

●木曽三川（木曽川、長良川、揖斐川）流域図

I

長良川の恵みとなりわい今昔

（２０１５年10月31日、於・愛知大学名古屋キャンパス、愛知県主催、第１回「清流長良川流域の生き物・生活・産業」連続講座より）

長良川の鵜飼の奥深い世界

岩佐昌秋（小瀬鵜飼・宮内庁式部職鵜匠）

はい、こんにちは。今ご紹介にあずかりました小瀬鵜飼の鵜匠の岩佐と申します。（関市小瀬は）岐阜市長良から、だいたい12〜13キロ上流にあたります。宮内庁式部職は、小瀬の鵜飼3名と長良の鵜飼6名、日本全国で計9名だけです。

現在日本で鵜飼をやっているところは11か所あります。一番東が山梨県の石和温泉、笛吹川。そして、犬山と小瀬と長良、京都の嵐山と宇治、広島県の三次、山口県の岩国、愛媛県の大洲、福岡県の原鶴温泉、大分県の日田温泉です。鵜飼は、舟に乗ってやるのがほとんどなんですけれども、鵜匠さんが川の中を歩きながらやる鵜飼、徒歩鵜飼という鵜飼もございます。

小瀬の鵜飼は、松尾山の真下に長良川が流れ、水墨画的に岩があり、水が非常に綺麗で、反対側に河原があって、ホテルは一つしかありません（図1）。そういうところでやらさせていただいております。（岩佐家は）私で4代目です。父親がやっておりまして、私は次男坊なんです。本来は世襲制だから長男が継

岩佐昌秋。1968年から高校の教師を務める傍ら、父の手伝いで1970年頃から鵜舟に乗り始めた。伝統漁法継承のため、宮内庁から岐阜県教育委員会に依頼があり、1993年に現職の教師のまま、宮内庁の式部職鵜匠の辞令を受けた。

図1　小瀬鵜飼の漁場。松尾山（右奥）の真下を長良川が流れ、水墨画的に岩があり、水が非常に綺麗で、手前には河原が広がる（編集部撮影）

ぐのが多いが、兄貴はそういうのに疎くて、勉強のほうに走っておりましたので、私が親父の後ろをくっついていました。小さい頃から魚を捕るのが好きでした。

鵜というのは非常におりこうな鳥で、（鵜匠の家の敷地内には）鳥屋（とや）と呼ばれる（鵜の）部屋がありますが、鵜匠が中に入りますと、だいたいじっとしている。子供が入ってきますと馬鹿にします。おとなしいのがおりますから、それをバッと捕まえて遊ぶことをしてきたものです。大学を卒業して2年くらいは教師に専念をしていましたが、そのあとは時間的に余裕ができましたので、親父の後ろをついて舟に乗ったりしておりました。親父が75～76歳の頃に「もうそろそろ俺もできないから、危ないから」ということで「やれや」となって、今日まで来ております。

小瀬の鵜飼は非常に暗いところでやる。明るいところは我々の勘が働かない。暗いと（勘が働いて）意外と前が見える。自分たちの川は、自分の手のひらと一緒ですので、だいたいどこに岩があって、どこに石があって、というのは、ほとんどわかります。鵜舟は笹（ささ）

図3　鵜とともに鵜飼の説明をする岩佐鵜匠（写真提供：関市）

図2　小瀬鵜飼の鵜舟。船外機は使わず、竿と櫂だけで行き来する（写真提供：関市）

舟と申します。だいたい長さ11メートル50センチくらいありますけれども、非常に不安定。篝がついているので余計に不安定。それをうまく操りながらやるわけです。

私ども（小瀬）の鵜舟は3艘しかありません。お客さんが見るための、鵜舟の周辺につける屋形船は最大限4艘。10人乗りと20人乗り、小さいのと大きいのがある。現在屋形船は10艘しかありません。だいたい2艘か3艘は余っておるんです。屋形船を増やせば、お客さんには来ていただけますけれども、見えませんので増やさない。

もう一つは船頭さんの技術です。鵜舟に船外機をつけているところもありますけれども、私らは船外機は一切使っておりません（図2）。竿と櫂と、この二つだけで行き来します。上りは竿で上っていって、下りは櫂で下る。屋形船の場合は手櫂といいまして、大きい櫂でやります。これがまた、いい音がするんですよ。ギーってね。木と木の摩擦の音なんですけれども、綺麗な音がする。

だいたい6時頃に準備をして、鵜飼を始めるところまで竿で上っていって少し休憩します。屋形船に乗船される方は何時頃までに乗船してくださいと言ってありますから、乗ってもらう

図4　狩り下り。鵜舟と屋形船が並んで下る（写真提供：関市）

ようにする。乗られて、我々が出る少し下のところで待機していただいております。待機していただいているときに、鵜匠がそこへ行って、鵜飼の説明をします（図3）。装束の話、鵜の話、そして鵜をしばる手縄（たなわ）の話。そして、終わりましたら鵜舟のところへ行きまして、すぐに鵜を縛りに入ります。縛り終わりましたら、合図をして、篝に火を入れてもらいます。

篝に火を入れたら、順番に下るわけですけれども、屋形船のほうから見ますと、本当に真っ暗なところに、篝の灯りだけがずーっと近づいてくる。非常に幻想的です。で、そばまで来ましたら、今度は、鵜舟と屋形船が一緒に、並行して下っていきます。これを「狩り下り」と言います（図4）。そのときに鵜が魚をパッとくわえると、お客さんの「おー、捕った、捕った！」という声がするので、こっちもニコッとするわけです。そういうのが見える。時には、屋形船のすぐ隣、手を伸ばすと届くぐらいのところに、潜っていた鵜がプクッと上がってきます。で、船頭が「お客さん、あんまり手出さんように。食いつくといかんから」って。

綺麗な水の中で鵜が泳いでいるところがまともに見えます。お客さんに「よかったな、今日は。捕った魚見せてください」

と言われる。ただ、残念なことに、鵜が魚を捕って吐かせるところだけはちょっと見にくいです。舟が狭いもんですから、上のほうで鵜が口を開いたりすると、出てくるときに魚が舟の外に出てってしまう。というのも、完全に死んでいる魚もいますけれども生きている魚もいます。なるべく吐け籠の中に入るように出しますので、ちょっとお客さんは見にくい。しかし後から、お客さんが、「今日捕った魚どんな魚?」と言われますので必ず見せます。捕るときに、アユは傷がつきます。どんな魚もそうですが。

今年は、捕っている魚のだいたい95パーセントくらいがアユです。我々としてはウグイ捕ってもらったり、フナ捕ってもらったり、ハヤ捕ってもらったほうがいいときがある。我々は雑魚(ざこ)というんですが、それは後から鵜に餌として与えられるんです。鵜飼が終わってから、鵜に餌をやります。そのときに食べさせている魚はホッケなんです。ホッケは冷凍できます。そのためにあまり栄養がないんですよ。鵜はしっかり働いているのに、栄養ないもので腹ふくれて、何ともならん。後から病気になると困りますから、たまにはアユ食べさせるときもあるんですけれど、そんなことすると鵜匠の首が締まりますので。

近くの人たちで「今日は魚たくさん捕れたが、どうしようもない。食わせたってくれ」というときは「ありがとう」と言って、もらって食わせるときもあります。そのくらい小瀬の鵜飼というのは、身近であり、昔ながらのものを本当に見ることができるというのが、私としては自慢かなと思ってやっています。

長良川には、御漁場という宮内庁が管轄している場所が2か所あります。200メートルあるかなしかくらい。そこは昔から、何人たりとも捕ってはなりませんよ、というところ。ただし、最近は9月の第一日曜日には開放されます。私らが小さいときには、絶対、誰も入りませんので、そこに魚が溜まる。そこで鵜飼をやって、捕れた魚を送ってくださいというのが宮内庁なんですよね。それが年に8回ある。その日に捕ったアユをそのまま氷詰めして夜発送して、翌朝宮内庁に着きます。そういうことがありまして、

図6　鵜籠を担いで鵜舟に鵜を運ぶ（写真提供：関市）

図5　鵜籠。鵜を運ぶための竹製の籠（写真提供：関市）

岐阜の9名だけは、宮内庁式部職鵜匠という名前を頂いております。いつもお客さんに「国家公務員で、ええ金もらっとるやろ」と言われますが、ボランティアですからお金はほとんどありません。そして、出先機関ですので、職員でもなんでもありません。ただ名前だけ頂いている。

シーズンオフになったら毎日、鵜の管理だけ行なっております。一番怖いのは鳥インフルエンザ。40年くらい前ですか、私の家でも30羽そこそこおったなかで半分に減りました。まだよく残ったと言われますが。それからは、鵜飼を始める前に予防注射。人間と一緒です。鵜飼が終わってからまた予防注射。そういうことをやるようになりましたので、今は非常に元気がいいです。

我々としては家族同然。家の敷地内に鳥屋がありまして、毎朝起きたら鳥屋をあけて、プールで泳がす。今はプールがありますけれども、私ら小さいときにはプールがございませんので、籠に入れて川に持っていって、一日中河原に置いといて、一日に2回か3回、籠のまま水につけまして、水を飲ませて、という（図5、6）。シーズンオフは餌を買って、今はホッケですが、昔はそんなもんありませんので、ただ買ってやっていたら、とてもじゃないですけれども難しいですので、昔は餌飼（えがい）というのをやっていた。

餌飼というのは、朝起きたら籠に鵜を移しかえて、それをリアカーに乗せて、引いて、どっかの川へ行って、鵜を全部川に放します。鵜飼のときには手縄という紐がついていますが、餌飼のときは何もつけないんです。「はだか」といいます。鵜はだいたい3軒おりますと50～60羽おるわけです。それが集団でわーっと攻めていくもんですから、魚逃げるとこないもんで、たくさん食べられる。

ある程度食べますと鵜もちょっと泳ぎが鈍くなってきますから、そんなときを見はからって河原へ上げます。上げて羽をしっかり乾かしましたら、他所の鵜を連れてくと怒られますからね、自分とこの鵜を全部籠の中に入れて帰るわけですが。その50羽の中で、だいたい印がついているのは、各鵜匠さんのところで4～5羽だけです。あとは、全部印がついていません。どういう覚え方をするか親父に一回聞いたときがあるんですが、「そんなもん覚えよ」とか言われて。言われましたが、なかなか覚わらん。

ちょっとしたコツがありまして、顔の色、そして目の付近に黄色いのがあったりなかったり。人の鵜は絶対もっていきません。小さいときは親父についていって、おとなしいのをパッと捕まえますと、「それはうちのやない。あかん」。「どれや」と言うと「あれ」と言われて、それを捕まえてくるんですけれども。そういう形で自然と鵜の顔を覚えております。

いつもお客さんから、名前ついているんですかと聞かれるから、名前なんかついておりませんと。ただ、特徴のある鵜、たとえば非常に荒い、なかなか慣れないものをベンケイと言ってみたり、一本だけ白い毛が生えているもの、それが抜ける場合もあるが、ずーっとついてるのをオジロと言ってみたり。そういう形で覚えていきますが、あとの鵜には全然名前がついていない。現在25羽おるんですけれど、そういうのをうまく利用しながら鵜飼をやってきています。ただやはり、これも皆さんに理解していただかなければ、なかなかやっていけるものではございません。

図７　岩佐鵜匠の手縄さばき。左手に12本の手縄を持ち、これらが絡まぬよう、右手で１本１本をさばく（写真提供：関市）

今年（２０１５年）の3月に国の重要無形民俗文化財として、長良川の鵜飼漁の技術を指定していただきました。先ほど言った11か所のうち、ここだけなんでやということになるんですが、ここの鵜匠さんたちは鵜舟に鵜を18羽乗せてもいいですよというルールがございます。その中で、鵜匠は12羽使います。12羽使っているときには、左手に（手縄を）持ちます（図７）。左手に持ちますと12羽自由に動きますから、手縄がこんがらがってきます。ほかっておきますと大変なことになります。動きがだんだん鈍くなってきますから、持っている左手の小指と薬指でしっかり12本押さえます。押さえてこんがらがる手から30～40センチぐらいのところで、手縄が一番こんがらがっているものを1本、パッと抜きます。「手縄さばき」と言います。抜いたら、また、それをおさめて12本にして持っていく。そのときには、必ず左手の親指と人差し指は自由にさせてあります。

右手はどうかと言うと、鵜が魚を捕ったら、その鵜を右手で引き上げてきます。引き上げて舟べりへ止まらせたら、首結いという紐がかかっているところに、右手の小指をちょんとかけます。かけて魚を上に絞り上げます。首結いの上に魚がいますから、その上を持ちますと（下に）絞る形になり、落ちなくていい魚まで下に落ちてしまいます。胃袋に入った魚は出てきません。ですから、そこへちょんと指をかけて、上へ絞り上げます。絞り上げても、自分でとった餌ですから、自分から口は開けません。それで手縄を持っている左手の親指と人差し指で嘴を開けてやって、魚を吐かせる。

そのときに、まだ11本引っ張ってますから、ちょっとでも小指を緩めましたら（11羽と）「さいなら」です。あとから逃げていった鵜を捕まえるのは大変なんです。篝火がありますから（鵜は）篝火の中に入ってきますけど、これが長良なんかですと、周囲が明るいですから、鵜が明るいところへ行ってしまいます。小瀬の場合は暗いから、だいたい篝火の中に入ってきて、あとから捕まえられるんですが。そういうのが一つの技術です。

今は舟の中央部に中乗りの鵜匠、「中鵜匠」というのがおりませんが、昔はおったんです。鵜匠がおって、「中乗り」という船頭がおって、その次のところ、舟の中央のところに中鵜匠がおりまして、一番最後に「とも乗り」という船頭がいる。鵜匠の鵜が逃した魚を中鵜匠の鵜が捕まえるという二段構えなんです。そんなときに、舟を下流に向かってまっすぐにやってきますと、ダブルわけです。まっすぐに下ると、前の鵜匠の鵜と中鵜匠の鵜の動きの場所が一緒になる。いい船頭は舟をちょっと斜めにする。斜めにすることによって、鵜匠の鵜と中鵜匠の鵜の広さを取って、魚を1匹でも多く捕る。これも一つの技術です。機会がございましたら、見に来ていただけるとありがたいと思います。

最後の1艘で守る夜川網漁

中山文夫（なかやまふみお）（長良川中央漁業協同組合副組合長）

皆さん、こんにちは。長良川中央（漁協）の中山でございます。私は夜川網を始めて約30年になります。その前は父親がやっていまして、僕になったのが30年前です。その前にはこの川に7艘の火振りの舟がありました。それはもう勇壮で、ものすごくアユもいました。僕が子供の頃は、夜川網をやりますと、岸のほうへアユがぴょんぴょんぴょんぴょん跳ねて、タモを持ってって捕まえていたものですよ。で、夜川網をやるようになりまして、それが舟の中へぴょんぴょんぴょんぴょん飛び込んできます。その頃は7艘でした。7年ぐらい前に4艘になりました。そして5年前に3艘、4年前に2艘、去年から僕1艘になっちゃいました。まあ大変残念ですけど、一人でも頑張っていくつもりですので、よろしくお願いします。

夜川網は40メートルほどの網を2枚つなぎます。それを4張りから5張りぐらい張ります。10月にやったときには、その1張りに200匹ほどかかりました。計800匹ぐらい捕れました。持ち上がらないぐらい。ただし、アユが本

中山文夫。8歳の頃から父親とともに長良川で漁に携わり、夜川網漁歴はおよそ30年。夜川網漁の第一人者。2000年より長良川中央漁協組合副組合長。

図１　夜川網漁。篝火と、櫂で舟べりや川面を叩く音で、アユを網へ追い込む。網を引き上げるときが一番興奮する瞬間だ
(写真提供：美濃市、2016年6月15日撮影)

図２　岸に戻り、網からアユを外す。かつては漁協組合員総出だった
(写真提供：美濃市、2016年6月15日撮影)

当に小さくなっている。3分の1がもう放流したてのアユ、10センチちょっとぐらい。大きいのもいますけど。その小さいアユは子供、小童です。で、5年ほど前にそれを調べていただいたところ、それは海に下っている、確かに天然だという証明がなされました。何でそんなふうに小さなったかなと考えると、河口堰の問題もあるでしょうし、今の生態系の問題もあるでしょう。何とか昔の長良川に戻っていただきたいと思っているところでございます。

漁の初日、6月15日には神社で豊漁安全祈願をします。暗くなるのを待ち、網を張る順番はクジで決めました。網を張るときに「とっこ」というものを付けます。川を遮断するように網を張らんと、うまく漁ができんということで、網が流れて下流に傾くのを防ぐために、網の所々に引っかける網起こしの浮きとオモリです。昔は木と石でつくっていました。だいたい、手の指紋が夕闇で見えなくなる頃に網を張りだします。網を全部入れ終わるまで明かりは一切つけないので、真っ暗闇での作業です。網を入れ終わると、舟は上流で待機します。舟に篝火をともし、上流から櫂で舟べりを打ったり竿で川面を叩いたりしてアユをおどし、網へ追い込みます。網を引き上げるときが一番興奮する瞬間です（図1）。岸に戻ると、網からアユを外します（図2）。昔は漁協組合員総出でした。

今後とも頑張って続けていきたいと思います。

80歳現役漁師が見た「ばばちい川」

大橋亮一（おおはしりょういち）（長良川漁師、故人）

皆さん、こんにちは。ようも、ようも、飽きもせずに80年もやってきたわね（図1）。

今、中山さんが説明してくださったの、夜川網やけど、私はね、今日、中猟（ちゅうろう）網（あみ）という網を説明しようと思ってね。中猟網というやつはね、上浮いてく網です。川の水深が3メートルあっても、上（流れの上層）1メートルくらいの網です。流速に沿って川を流れていきます。夜やる網ですけど、水の出たときだと昼でもやります。網の長さが60～70メートルあるかな。半月の輪（の形）に網を下流に入れて、上流から舟を横にして、真ん中に篝火（投光器）つけて（おどしてアユを浮かせる）（図2）。

ほんでね、上は大きい浮き、下はオモリが付いとるがね。網、三重になっとります。真ん中に魚の掛かる網があって、両方粗い目が付いとります。網の目が小そうても大きい魚が掛かってくる。中へ入ったら出られへん。そういう網でね。これは水の濁ったときや何かに、とくに魚がよぉ掛かる。何でやいうと

大橋亮一。1935年に岐阜県羽島市で生まれ、長良川で漁を続ける80歳の現役漁師。愛知県長良川河口堰最適運用検討委員会委員を務める。2019年没。

ね、水の濁ったときは河原とか、そういうとこに避難しとるがね、魚も。そいつをこの網で、縦に流ぃて、横流しと縦流しとありますので、縦に流ぃて、河原のほうから引っつけて外へ追い出す、魚を。ほうすると、ちょうどね、魚雷のように水際をシャー、シャーっと走って逃げていくのや。ほうすると、全部掛かっ

図1　亮一さん（左）と弟の修さん。子供の頃から兄弟で川漁一筋。春はサツキマス、夏から秋は主にアユを追う
（1992年5月10日、磯貝政司撮影）

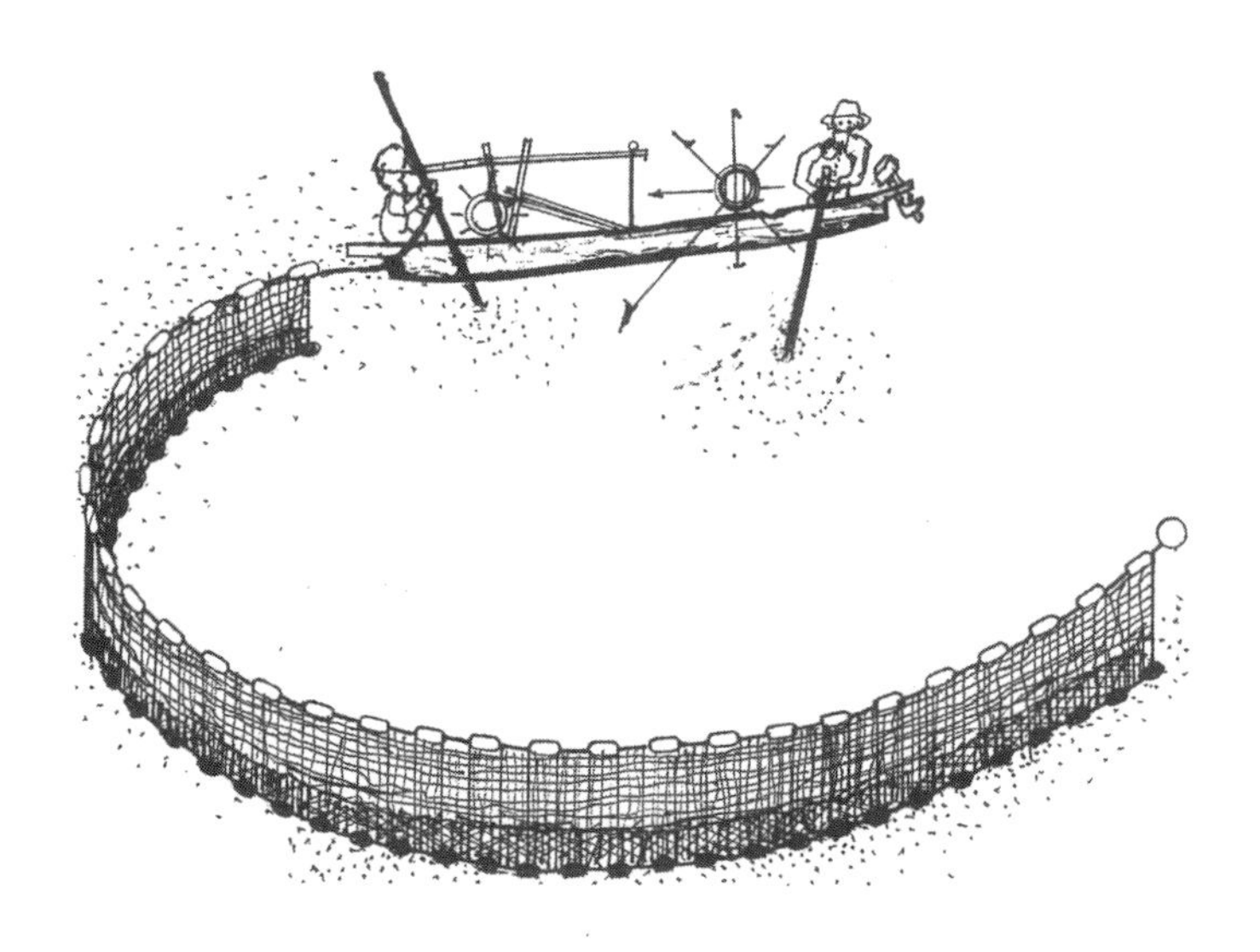

図2　中猟網漁。流れの上層に浮く網を三日月形に張り、上流から舟の篝火（投光器）でアユを浮かせて追い込む
（出典：大橋亮一・大橋修・磯貝政司『長良川漁師口伝』）

図3　中猟網からアユを外す亮一さん（左）と弟の修さん
（出典：大橋亮一・大橋修・磯貝政司『長良川漁師口伝』）

とる（図3）。

そういう水の出たときのアユを捕ると値段が高えんや。みんな、よぉ捕ましに行けへんで。漁師、魚ばっかし捕まえたらあかんやろ。やっぱ値段のいいときに行かな。そういうことでね、この網で捕るときは値段が高え。アユのはね。夜川網もやります。やるけども、この網使うときはお金になるで。やっぱプロになるとお金やでね。ということで、この網を使って夜川網と両方やりました。

中山さんのほうとは川が違うで。同じ長良川でも、私のほうは下流やで、川幅も広えし、流速もねえし。そのかわり上流は石ばっかやけど、私のほうは砂ばっか。とくに、河口堰ができて20年かね、ひでぇ、ばばちい（汚い）川になってまった。私いつも言うんや。川というものは流れて川やろう。水が流れなんだら沼やがや。ほんで流れーへんで余計ばばちい。もう、ひでぇばばちいんよ。

先ほどもアユが小せぇとおっしゃったが、昔はね、3月の御中日（春分）という日じゃがね、その時分が、一番魚がたくさん上りよった。その時分に川行っとるとね、私んた、いつも「いやあ、今日は学校の遠足やな。川岸連れ立っ

図4　サツキマス漁（トロ流し網）。川幅いっぱい、U字形に舟で網を張り、あとは流れに任せる。舟とともに流れ下る網に、上流へ向かうサツキマスが掛かる。亮一さんは「他力本願漁」と冗談まじりに言う（1992年5月、磯貝政司撮影）

て上ってくがや！」と言ってはね、両岸、絶え間がねえほど上ってくるやねぇかと。トラックに1杯くらい放流したとて、川上ってくるやつ10分でトラックより多いがや、というくらい上ってきました。アユがたくさん上ってきた。今でもそうやって上ってくるけど、遡上期が遅れとんのや。ほんで今の漁獲に入ったときと言えば、あんた、大きならへん。こんな小さなもんや。こんな小さなもんでお金にならんがね。何で遡上期が遅れたかというと、河口堰があかんで。やっぱ河口堰の加減で魚が遅れてくる。アユばっかやねえ、ほかの魚もそうです。

とくに、このアユが、私いつもそう言ったるけどね、アユはアホやで、どこの川へでも行くぞえ。生まれた川へ帰ってこーへんで。遡上期に自分に適した川なら、どこでも行ってまうのや。サツキマスはそんなことない。生まれた川へしか帰ってこーへん。サツキマスもね、昔よりだいたい1週間から2週間くらい遅れております。昔は4月の20日頃から漁に行きよったが、今5月にならな行けへんで（図4）。それはどういうこっちゃいうと河口堰がある加減で遡上が遅れとると。アユも遅れております。

そういうことでね、私いつも言うのや。人間と一緒やがや、アユやったってな、大きなる成長期間決まっとると。8月になったら、まあ大きならへんぞ。今度は卵や。来年の子孫を残さんならんで、そっちに栄養とられて、まあ大きならへんのやで。遅う上ってこやあ、5月に上ってきたら、どんだけ成長期間ある。6、7、ふた月しかあらへんやねぇかと。ほんなもん大きなるはずがないやねぇか。と言ってもまあ、私ら漁師で、そう言ってやっとるけどね。

私んとこ、河口から36キロ地点やけど、もう今年はちょっと雨降らんで、ひでぇーばばちい。川底、砂や石、見えません。川の底、絨毯ひいたようなもんや。ほんでね、それが腐って流れるときじゃが、網やなんか入れてぇたら、すぐ、30分もたん、(網がゴミで) ポンポンよ。そのくらい、ばばちいんや。そのくらいばばちい水を、どこへ送らっせる知らんが、(水を) 止めといて。ちょこっと (水が) 出ただけでも、どんだけ雨が降ったでゲートを上げるぞと、とてもやねえがゴミがもたんで上げますと、そうおっしゃるが。生命と財産を守る治水 (川底を浚渫し、ゲートで塩水遡上防止) の河口堰やなかったかね。治水の河口堰を、いつもかもゲートを上げとったら治水にならんわね。いつも上げとるんや、ゲートを。本当にね、もう昔のことを思ったら、本当にばばちい川です。とくに、あの新幹線で通りゃあしたら橋の上から川眺めたってくだせぇ。本当にひでぇ川や。ちょっと渇水しとるときやと、新幹線のあたりまで逆流することがあります。川が逆流。

ほいでね、私らも河口堰のできる前までは、アユを専門にやっておりました。だいたい私と弟とでアユを1トン半から2トン捕りよったです。夜川網と中猟網とね、それから地引網もやりました。大きな網の地引をやりまして、川漁師はアユがおらなんだら生活できません。アユがおらなんだら。そういうことで楽しい長良川でやってきましたけど。もう、あんた、今はそういうことで、河口堰できて今20年とおっしゃったが、16年ばか、もうアユ漁卒業しました。もうおらへん。通ってくのは通ってくけど、通ってくときはまんだ3月、4月ね。5月でもこんな小さなもの捕ったってお金にならんわね。

何でアユがおらんといったら、アユの食べる餌がねえ。石はゼロになってまった。砂ばっかやがね。砂の、餌のねぇとこにおらんはねぇ、アユは。餌のあるとこ、なけな。河口堰がねえうちは（下流でも）友釣りやれるようなとこもあったんや。もうゼロです。

その当時あったそういう石や何かは、大きい水が出るとね、ほんとに川の底まで（浚渫で）砂やなんかを持ってってまうのやね。ほうすると、石が下へ下がるがね。そのあと、砂が被ってまうがね。全部、石というものが一つもねえ。砂ばっか。ほしてまた、とくにこの頃、流速がねえもんやで、砂でも細けぇ砂でね、本当になんて言うんですか、細けぇ砂で。毎日、潮が差してくるでね、川に上がっとるところの砂が浮いて流れてきます、潮でね。そういうような川になってまってね。

アユとコイは、本当、一番好きな魚やわね。一番好きな魚やけど、まあ私ら、今の話で、17〜18年前から、アユ、ゼロになってまった。アユはおらんようになってまった。まあ、80歳にもなったで、まあアユいらんわね。フフフッ（笑）

そういうようなことでね、ぜひ一つ、川の名前も長く良い川やでね、皆さん方、本当に長良川を助けてやってくだせぇ。私は死んでも死ねんがね。いつもね、弟と川へ行くなり、川を見て、「ああ、俺んた生きとるうちに、どうぞして昔の川にしてもらったら、ありがてぇがなあ」と言ってね。いつもそんなようなことばっか思って漁に行っとります。昨日も今日も、弟もまんだ漁に行っとります。今は何や言うたら、カニ漁をやっとります。そういうことでね、ぜひ一つ、長良川を助けてやってくだせぇ。お願いします。

憧れの川漁師、知られざる川の世界

平工顕太郎（長良川漁師・結の舟代表）

こんにちは。平工顕太郎といいます。私は子供の頃から、川漁師たちの背中に憧れて、こうして青年となった今でも川の現実と向き合いながら活動をしています。子供から見て川で出会う大人は格好よく、その中でも大橋さんは、とくに魅力的な漁師でした。

少し鵜飼の話をさせてください。私は長良川鵜飼の6人いる鵜匠の中で代表を務める山下鵜匠代表の鵜舟に乗り込んでいます。鵜匠の傍らで舟を操る中乗りです（図1）。お客さまに背中を向けて仕事をしています。鵜匠と背中合わせになることで舟が水平になるように重心を保っているからです。鵜飼観覧船は必ず鵜匠の手縄さばきが見られるように鵜匠側に近づきますので、私はお客さまに顔を見られることもありません。鵜飼の花形といえば伝統装束に身をまとった鵜匠、そしてアユを捕らえてくる十数羽の鵜、もう一つ挙げるとすれば漆黒の闇を照らす篝の炎。私たちのような船頭は裏方の人間です。立場をわきまえて表に出るようなこともありません。

平工顕太郎。長良川でアユ漁などを営むかたわら、結の舟代表として観光客や子供たちに長良川の魅力に触れる体験型の舟旅を提供し、予約制川魚料理店も営む。鵜飼のシーズンには船頭として鵜匠代表の舟を操る。

図1　長良川鵜飼の山下鵜匠（中央）の鵜舟で中乗り（左）をしている。鵜舟の船頭には艫（ とも ）（船尾）で操船する「艫乗り」と、鵜匠の傍らで操船や補助を行なう「中乗り」がいる（写真提供：天然鮎専門 結の舟）

鵜飼漁の最中に着ている私たちの衣装には穴が無数に空いています。上着もズボンも穴だらけです。中乗りは鵜匠のすぐ傍ら1メートル以内に位置しています。篝の炎を浴びながら足元は素足で足半（ あしなか ）を履いています。鵜舟の中の様子を一般の方は見る機会がありませんが、私たちの足元には火の粉だけじゃなく炭の塊がゴトゴトと落ちてきます。シーズン中は火傷による水ぶくれが絶えません。これら足の甲に残る火傷の痕は鵜舟船頭にしか付かない勲章として受け止めています。

鵜匠の専属船頭として仕事に就いたのは大橋さんの紹介でした。川漁師という職業に憧れて10年前、岐阜の内水面漁業に貢献したいという想いで大橋さんを訪ねました。ですが息子にも継がせられない仕事だということで鵜匠さんを紹介してもらいました。それでも私が今でも頑なに諦めたくない職業が川漁師です。妻と子もおりますが、覚悟をもって川漁の世界に飛び込みました。

アユの網漁を始めようとすると、まず初歩的に最初に覚える網が手投（ ていな ）という網です（図2）。鵜飼も伝統漁法の一つですが、アユを捕らえる漁法は長良川に20以上存在して

図2　手投網漁。20以上ある長良川の伝統アユ漁法の中で最初に覚える初歩的な網漁（写真提供：天然鮎専門 結の舟）

います。現存する長良川の専業川漁師の最年少は64歳です。この40年間、担い手が現われていません。私も川漁で家族を養いたいと強い気持ちで臨んでいますが、河川環境の悪化だとか、人が川魚を食べなくなったとか、いろいろな向かい風があります。一方で、宅配技術の進歩やSNSのようなツールなど、今どきの手法も存在しています。川漁で生計が立てられる道を模索しながら、今も川で生きているところです。

私たちは淡水漁業の舟を所有しています。清流と聞くと、いつでも水が澄んでいるかのように思われがちですが、雨がたくさん降れば水は濁ります。増水もします。これが川の呼吸です。自浄作用です。増水の後に条件が整うと、目を奪われるほどの川色が出現します。一般の方々にも、ぜひ川漁師の目線で長良川と触れ合ってもらいたいですし、地元の方々にはふるさとの風景を覚えておいていただきたい。そんな想いで舟にお客さまを乗せる事業にも取り組んでいます。

長良川に伝わる漁法の中で難しいと言われるのが「ぼうちょう網漁」です。現在は遡上アユの調査を目的に何人かで行なわれる漁法ですが、小指ほどの小さな10グラム程度のアユが捕れます。季節は4月。アユの遡上の季節です。このあと大橋さんの代名詞であるサツキマスが上ってきます。そうなると岐阜市内の長良川では定置漁法の「すば網漁」が始まりサツキマスを狙います。海から来る大きな魚です。身はサーモンピンクになって帰ってきますので恵みとしてありがたく頂きます。

岐阜の5月といえば鵜飼開幕です。私たち船頭は、鵜舟を洗うところから1年のシーズンが始まります。鵜飼開幕日にはアユ漁も解禁します。岐阜市中央卸売市場は全国の公設卸売市場で唯一、天然アユの競りが行なわれる場所です。岐阜県内全域から毎日天然アユが入荷し賑わいます。岐阜は日本のアユ市場価格を司る町です。

舟を所有している漁業者は、毎日川に足を運びます。魚を捕るためだけではありません。日々変化する水位変動に合わせて舟を岸に寄せたり、岸から離したりという細かい作業が伴う暮らしです。わずか数センチの水位の変化にも敏感になります。川の場合は海の干満のように周期がないので、舟との暮らしは朝か昼とか夜とか関係なく、川の都合にすべて合わせた暮らしになります。夕立が来ると、だいたい5〜6時間後の夜中あたりに増水が始まるので川に向かいます。夜中は水生昆虫の羽化の瞬間に遭遇することがしばしばあり、大人になった今でも心がドキドキします。

遡上時に10グラムだったアユは、たった2か月で急激に成長します。ヒレもピンとして、艶もいいです。出会ったアユの胸に輝かしい黄斑があると、たまらな

図3　手投網漁で捕れたアユ。胸に輝かしい黄斑があると、たまらなく嬉しい気持ちになる（写真提供：天然鮎専門 結の舟）

く嬉しい気持ちになります（図３）。出荷時の価格がたとえ同じでも、瀬の中で縄張りをもち逞しく生き抜いてきたという履歴を目の前のアユから感じとることができたとき、なんだか勇気を分けてもらった気持ちになります。

台風が到来すると川は幾度となく荒れ狂います。増水時は川に近づかないようにとテレビでもラジオでも絶え間なく注意喚起の報道が流れますが、夕方のニュースで報道を聞いたのち、家族を置いて冷静な心持ちで川に出ていきます。そんなときは朝まで帰りません。いわば命懸けです。自治体から避難指示が発令されても、ライフジャケットを身に付けて、荒れ狂う川を目の前に、夜通し舟を守っています。そんな台風ですが、上流の郡上からブランドアユを岐阜市に送ってきてくれます。

長良川は水運物流の拠点でした。山から伐り出された材は、川の流れに乗せて下流に運びます。なので流域には貯木場などがあり、そこで組まれた筏の下にたまったハエ（オイカワの地方名）はイカダバエと呼ばれました。そのような小魚も増水後はたくさん捕れます。

秋になるとアユはオレンジ色が目立ってきます。エラブタも腹もオレンジに色づきます。婚姻色です。この時期は落ちアユなので定置の漁撈（ぎょろう）施設を設けます。伝統漁法の瀬張網漁（せばりあみりょう）です。岐阜市の風物詩になっています。川底には魚が嫌う白い布やビニールを敷き、水面はロープの復元力を利用して水を絶え間なく弾き、音を出しています。網はどこにも設置されません。色と音だけで落ちアユが下るのを足止めします。上流から下流へ向かうアユたちが交通渋滞のように溜まるので、漁師が待ち構え網を投げます。

雨が降ると川の水位が変動し、魚が動きます。そんな日を狙うと、ひと網でいっぱいアユが捕れます。魚がおると聞けば夜中でもいつでも川に行きます。お金になるかどうかは別の話ですが、大橋さんのような漁師に近づきたいという想いで、今は川と関わっています。

図4　長良川の秋の恵み、モクズガニ。海と川とを行き来する。漁期が短く、なかなか市場には出回らない（写真提供：天然鮎専門 結の舟）

長良川の秋の恵みといえばモクズガニです（図4）。海と川とを行き来する代表的な生き物です。よく知られる「上海蟹」の兄弟のようなものです。上海蟹はブランド名なので正式名称をチュウゴクモクズガニといいます。長良川のカニは日本産なのでモクズガニです。漁期が短く、なかなか一般の市場には出回りませんが、お腹に抱えた味噌や内子（卵巣）が濃厚で、鍋や味噌汁に落とすとコクが加わります。この時期のカニは産卵のために川を下り海に向かいます。生まれた子供は海から川へと上ってきます。

アユカケは幻の魚になりました。大きな個体が岐阜市内でこの夏に捕れました。この魚もまた海と川を行き来する魚です。アユカケはアユのように遊泳能力が高くなく、ヨシノボリのように吸盤がついていません。彼らが上れる道こそが「魚道」としての正しい定義になってほしいものです。

このように人と魚が知恵比べできる伝統漁法がいくつかあるのですが、現在は64歳の方が最年少という状況です。そのあとをなんとかつなぎたいなという想いで、けっこう真剣に向き合っているつもりですが、まだまだ若輩者でして、川では年配者から厳しい言葉をいつも浴びています。

アユ資源を維持するための一助になっているかどうかはわかりませんが、長良川の川漁師が実際に取り組んでいることをご紹介します。岐阜市内を流れる長良川の産卵場で天然のオスと天然のメスを生きた状態で捕り、卵と精子を絞り出して河原で人工受精させます。この受精卵をシュロでつくられた魚巣（ぎょそう）に付着させ、河原で発眼まで見守ります。本来であれば、ここで孵化（ふか）した仔魚は川の流れに乗って容易に海

図5　漁舟で案内する体験型舟旅。櫂での操舟も体験できる。子供たちのために川魚自然学校も開催している（写真提供：天然鮎専門 結の舟）

に出ていけるのですが、現在は河口に人工的な横断構造物があり仔魚たちの降河の大きな妨げになっています。川が流れていないのです。どうしても人の手で助ける必要がありますので、車で発眼卵を運搬しています。ここから河口まで50キロの距離を車で運び、河口堰の傍にある孵化水槽へ沈めます。ここで孵化したものは目の前の海へと出られます。人の手で扱える量など知れていますが、関わることが大事だということで漁協の取り組みに参加させてもらっています。昔から続く「種付け事業」と呼ばれる漁協の取り組みです。

アユはわずか1年の寿命ですよね。その生活史すら全うできない、このアユたちのために、こうして汗を流しているのですが、これらの努力が本当に翌年の遡上に影響しているのかどうか、その効果があるのかどうかは若手の私にはわかりません。孵化水槽の海側の出口には、スズキの群れが待ち構えていました。ただ、アユのことを知ろう知ろうと頑張っています。若い世代の子はアユの生態も生活史も知りません。それなのにアユは地域の宝とか岐阜の象徴になっています。だから、これからの人たちにアユのことを少しでも知ってもらえるように活動を広めていけたらいいです。

「結の舟」は私の屋号です。信用と事業展開のための名称です。淡水漁業の舟にお客さまを乗せて漁業現場をご案内しています（図

図6　アユの塩焼き。「結の舟」では川魚料理の店も営み、四季折々の川の幸を提供している
（写真提供：天然鮎専門 結の舟）

5、6）。鵜飼用具一式は国指定重要有形民俗文化財なので、実物は展示で見ることができても触れることはなかなかできません。櫂の材料は赤樫です。緻密で硬くて重たいので子供は操れないと思います。こうしたものに触れることは大事です。実際に使ってみないと道具の良さは伝わらないと考えています。なので、私の舟のお客さまには前述の文化財級の道具を実際に使ってもらいます。大切な道具が傷んでいきますが、私はこれでいいと思っています。こういった道具を操る船頭さんの技術にまで、もし目が広がれば鵜飼を見る幅も広がるんじゃないか、鵜飼の楽しみ方ももっと広がるんじゃないかと、そんなことを考えた取り組みです。一方で、伝統を重んじる世界に身を置いているからこその難しさも実感していて、その中で模索しながら活動をしています。

岐阜には1軒だけ、漁網をつくる網屋さんがあります。ここには木曽三川の漁業者の情報が集まるので、いつも長居していろいろなことを教えてもらっています。自分でも漁の網がつくれるようになりたいし、いつか本当に大橋さんのような川漁師になって、またこのような舞台に立つことができたらいいなと思っています。

【付記】

その後の長良川

平工顕太郎

舟を静かに漕ぎだす。棹から手に伝わる長良川の表情は今日も穏やかだ。水の流れが高鳴り、櫂(かい)の撞木(しゅもく)を握る手に緊張が走る。いつものように長良川は贈りものを用意して待ってくれていた。変わらない日常に安堵し、水辺で受け取った川の恵みは社会へと還元する。これが私たち長良川漁師の生き方だ。

この川を舟からいつも眺めている。多様性が重視される時代になったが、漁業現場は心が疲弊する毎日である。人々は相も変わらず生物圏を切り売りすることで既存社会を維持し、地域経済を推し進めようとしている。あまりに近視眼的な行為だ。ゆえに現代の人は本当の川の呼吸を知らない。無論、川に寄り添うどころか強固なコンクリートで隔てをつくり、それによって生じた災いは自然のせいにする始末。長良川は今も確かに生きている。だが長良川の息苦しさは枚挙に暇がない。

令和に入り国土強靭化の名の下で川の排水路化が進んでいる。唸るような瀬と淵の連続、川の蛇行、これら天然アユにとっての必須条件が人間の手によって一つずつ壊されていく。かつて豊かだったアユの漁場は、単調で幅広の浅い流れが続くようになった（図1）。地域の宝をアユと位置づける一方で、アユの営みに欠かすことができない玉石などの生活空間は重機によって除去される。そして回遊魚の生命線である海への降河ルートと海からの遡上ルートも、いまだ不健全なまま蓋をし続けた状態だ。

このシナリオを予想していたかのように拡充された岐阜県魚苗センターは、現在の長良川においてアユ資源を司る重要な施設となった。減少した資源は人間の管理下で補えるという発想である。

図1　大岩を打ち砕き、澪筋(みおすじ)をなくした河川工事。豊かだったアユの漁場は、浅くて単調な流れに変わってしまった
(岐阜市長良、2018年12月27日、平工顕太郎撮影)

生産される魚苗は自然淘汰されることなく川へと放たれる。年魚であるアユにとって、生涯の半分の物語が抜けていることは望ましいことではない。さらに岐阜県では、すべての養殖アユをメスに転換することができる「全メス化精液」が開発され、養殖事業者に向け当該精液の販売が開始された。子持ちアユの消費主体は養殖アユである。ここに漁業者たちの影はない。バイオテクノロジーとは一体、何を豊かにするために存在するのであろうか。こうして満たされた人たちは、命の背景にある地球環境を本当に想像してくれているのであろうか。

この現状に対して真っ先に声を挙げるべき漁業者にも変化がある。聞けば「俺たちは困っていない」との返答。川にアユは多いし、水揚げしたアユは高値で売れるから満足だと言う。私が知る昭和の偉大な川漁師たちは1年を通じて舟を陸にあげることがなかった。そして季節ごとにさまざまな種類の川魚を追い続けていた。仕事としての効率よりも、きっと本人たちの生きがいが勝っていたのであろう。現在、岐阜の卸売市場に出荷される川魚の中でアユが占める割合は95パーセント以上に及ぶ。アユをブランド化させ、アユを清流の代名詞にすることで地域経済が回り潤うのだ。

真冬の朝に川面から湧いていた湯気の下は、かつてアジメドジョウたちのオアシスだった。サクラバエの愛称で親しまれたカワヒガイの群泳は、産卵床の二枚貝とともに漁場から姿を消していった。アユカケという魚は人間が想定するよりも、もっともっと易しい魚道でなければ川を遡ってこられない。そして10年という短い間に、川漁師のほとんどがこの世を去った。本物と呼ばれた男たちの薫陶を受けることができた最後の世代として私が社会に果たすべき役割は大きい。しかし、現代社会がそれを必要としないのであれば、川漁師としての私のベクトルは迷うことなく地球の生物圏へと向かうだろう。人の世ではなく、地球から「ありがとう」と言われる暮らしをこれからも故郷の川で続けていけたら幸せである。

人知れず、再生産を繰り返している天然魚たちは今もこの土地に数多くの種類が存在する。彼らは今日もお気に入りの場所で細く営みを続けている。舟を漕ぎ、季節ごとに彼らに出会い、時に命をいただき、時に命を見送りながら新しい命を歓迎する豊かな日々。そんな彩りある川の暮らしが令和の長良川にまだ存在していることを最後にお伝えしておこう。

II

長良川のアユと生態系に起きていること

なぜ天然アユが準絶滅危惧種に？

高橋勇夫（たかはしいさお）

1．減りゆく天然アユ

ここ20年ほど「アユが減った」という話を耳にすることが多くなった。その実態は正確には把握されていないものの、天然アユの資源量の目安となる海での稚アユの採捕量や河川産稚アユ（川に遡上してきた稚アユ）の採捕量の統計資料（漁業・養殖業生産統計年報）を概観すると、ともに１９７０〜１９８０年頃から顕著な減少傾向にあり、天然のアユ資源が減りつつあることが読み取れる。実際、山陰地方の河川では、２０１４年から極端なアユの不漁が続いており、その原因は天然アユの遡上量の急激な減少にあることがわかっている。また､アユの漁獲量も全国的に見て１９９２年以降急激に減少し続けており(図１)、主な要因の一つは天然アユの減少にあると考えられている。

天然アユの減少への対策として、琵琶湖産や人工アユ種苗の放流量を増やすことで１９９０年頃まではカバーできていた。河川を釣り堀化することで、漁獲量はむしろ増えてさえいたのである（図１）。しかし１９９０年代以降、冷水病の蔓延、カワウの食害等々の新たなマイナス要因の出現によって、種苗放流にかつての効力はなくなった。アユが釣れなくなったことで新たに釣りを始める人は減り、釣りをやめる人は高齢化に伴い増えている。釣り人の減少は漁協の収入を大きく減らし、放流数は今や１９９０年頃の半分程度にまで落ち込んでいる。放流数の減少は、さらなる不漁を招き、経営困難から解散する漁協も増えている。アユ漁業は典型的な負の連鎖に陥っているのである。

この章では、まずアユの生活史を概観し、その生態的な特性を踏まえたうえで長良川のアユと河口堰の関係を中心に、アユの現状について考えてみたい。

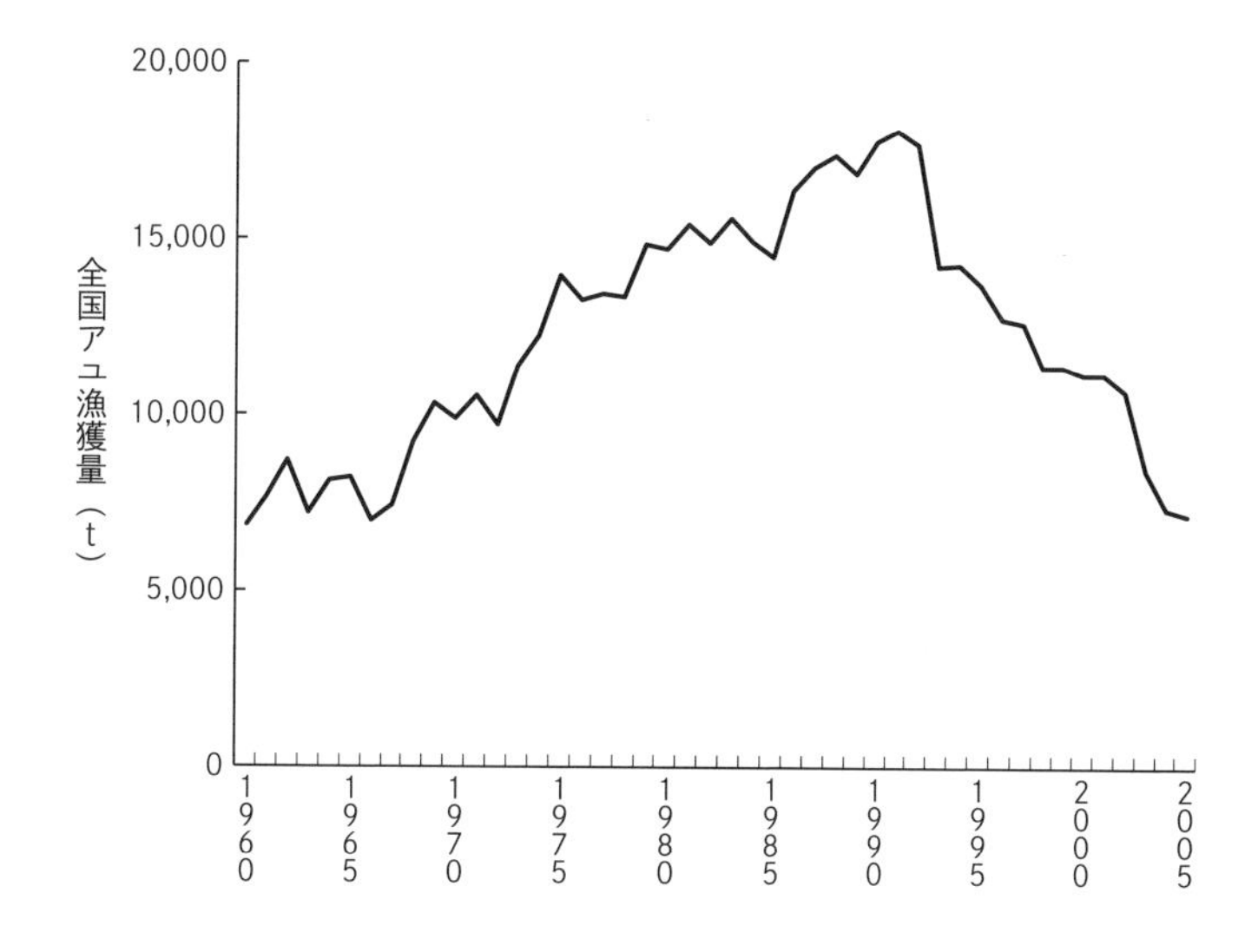

図１　アユの漁獲量（全国）の経年変化
1991年をピークに急減した。販売目的の漁獲量と遊漁者による採捕量の合計値。2006年以降は調査範囲が販売目的の漁獲量のみに変更され統計上激減（一連の傾向として見ることができないため除外）
出典：漁業・養殖業生産統計年報（農林水産省農林経済局統計情報部）

２．アユの生活史——海と川で育つ魚

海と川を行き来する両側(りょうそく)回遊型（産卵とは無関係に海と川を行き来する回遊）のアユを「海産アユ」と

いう。

産卵期は9～12月で、北ほど早く、南に行くほど遅くなる。産卵は河川下流域の瀬で行なわれる。河床の礫間に産卵するため、アユが動かせる程度の大きさの礫が「浮き石」状態となっていることが必要で、細粒分（粒径2㎜以下の砂泥）は産卵の障害となる。

卵は2週間程度で孵化(ふか)し、仔魚（図2）はただちに海――アユの保育場となる場所――へと流下する。海にたどり着いた仔魚は、沿岸域で動物プランクトンを食べて成長する。あまり沖合に出ることはなく、水深10ｍまでの浅海域を主な生息場としている。波が静かな日は、波打ち際でたくさんのアユを観察することができる（図3）。

春、川の水温が8～10℃を上回るようになると、海から川へと遡上を始める。活発な遡上が行なわれるのは14～17℃程度で、20℃を超えると遡上期も終盤となる。遡上期の体長は5～10㎝程度で、季節が遅くなるほど小型化する傾向にある。

アユが母川回帰するかどうかは古くから問題になってきた。サケのような能動的な回帰はできないと考えられているが、海では沿岸域に張りつくように生活していることから、生まれた川からあまり遠くには行かない。遡上期になって最寄りの川に上ったら、そこは「母川」であったというような受動的な母川回帰が行なわれている可能性は高い。

アユが川を遡上する距離は遡上量と関係があり、遡上量が多いほど上流まで上る。遡上量が多いと過密になるため、上流に分布を広げて密度の上昇（＝餌不足）を緩和するというのは合理的である。

川に遡上後、ある程度成長したアユは、餌環境や生息密度などの条件が良い場所を見つけて定着し始める。さらに、個体によってはナワバリを形成し、一定の範囲（約1㎡）の餌を排他的に利用する。ナワバリを持たない個体は群れをつくるか、単独行動をとる。餌はケイ藻やラン藻といった付着藻類で、基本的には石面の藻類を無作為に摂餌するが、繰り返し摂餌しているとラン藻主体の藻類相へと変化する。茨城大学の阿部信一郎さんは、ラン藻は餌として栄養価が高く、増殖スピードも速いことを報告している。アユのナワバリはフレッシュなラン藻を育てる「畑」のようなもので、ナワバリアユは自分でせっせと手入れした畑から作物を収穫している働き者と言える。そう考えれば、ナワバリを守ろうとするのは理解できることである。

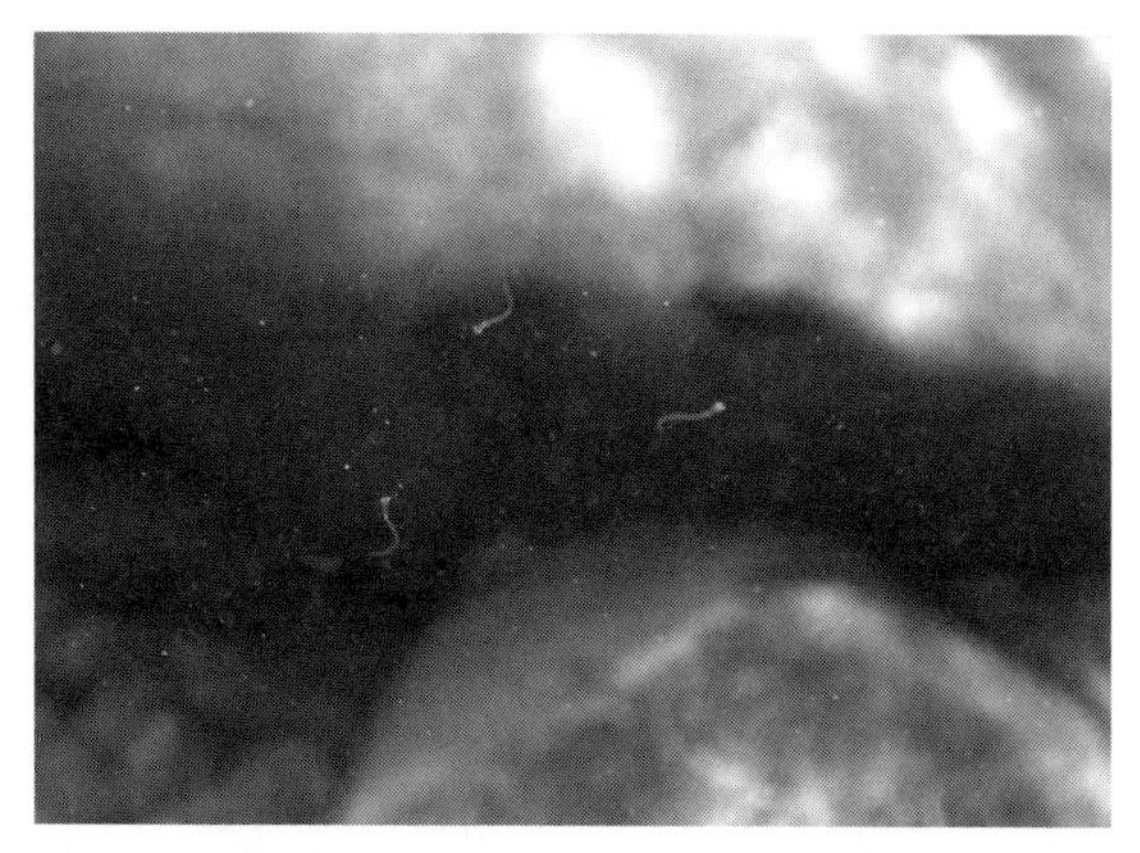

図2　孵化直後のアユ仔魚。全長6㎜程度で、腹部に卵黄を持っている（高橋勇夫撮影）

図3　波打ち際を泳ぐアユ。透明な体は保護色的な役割を果たしている（高橋勇夫撮影）

初秋になると昼間の時間が短くなったことを感知し成熟が始まる。同時に定着性が弱まり、産卵場への降下行動を開始する。降下行動は降雨に伴う出水に誘発される。出水のない年は降下が遅れ、産卵も遅れることがある。下流の産卵場にたどり着いたアユは大きな集団となり、産卵が始まる。産卵後のアユは体力を消耗し、1年という短い命を終える。

3. アユはなぜ海と川を行き来するのか

アユはなぜ春になると川を上るのだろうか。いやむしろ、なぜ仔稚魚の頃に海で生活するのだろうか、と言うべきか。

海と川の生産力を比較すると、高緯度地方では海で高く、低緯度地方では川で高い。つまり、寒い地域では海が棲みやすく、暑い地域では川が棲みやすいということになる。このことは一つの地域の中でも同様で、夏の間は川の生産力が高く、冬は相対的に海での生産力が高い。コイやナマズなどの淡水魚の多くは春から夏にかけて産卵する。川の生産力が高い時季に合わせて産卵することで、子が生き残りやすくなるという合理的なやり方と言える。

ところがアユの場合、秋に産卵期を迎える。秋から冬にかけて川には餌が少なくなるため、孵化した子が川で生き残ることは難しい。サケのように、じっと春を待つというのも一つのやり方ではあるが、この方法だと、春までの栄養を体内に備蓄しておかなければならないので、大きな卵を産む必要がある。サケのように体が大きければそれでも良いのだろうが、アユぐらいの大きさでイクラほどの大きさの卵を産んでいたのでは、たくさん産むことができない。これではデメリットが大きすぎる。結局アユが選んだのは、生まれた直後に暖かくて餌の豊富な海に下って、そこを成育場とするというやり方であったのだろう。

このように季節によって変化する自然の生産性という側面から見ると、一見節操のないように見えるアユの暮らし方――夏は川で、冬は海で生活する――というのは、じつは相当にうまいやり方なのである。海と川を回遊することで、両方の良いとこ取りができるようにアユの生活史は進化したのかもしれない。見落としてはならないことは、このような巧みな生活史を獲得するには、相当な犠牲と気の遠くなるような時間の経過、さらには幸運があったということで、たとえば、生まれた直後から淡水でも海水でも生活できるというアユの体質は、驚異的ですらある。

4. 回遊を阻害するダムや堰

アユは「両側回遊」という川と海の良いとこ取りができる巧みな生活史を構築したのだが、その生活史には予想もしない落とし穴が待っていた。回遊という行動を阻害する堰やダムが川に造られたのである。長い時間の中でやっと獲得されたアユの生活史は、いとも簡単にゆがめられることになった。

このような移動阻害を軽減するために、多くの堰には魚道が付けられている。しかし、悲しいことに日本の魚道の技術レベルは近年まで低かった。そのうえ、魚道の重要性に対する意識の低さから、維持管理もずさんで、損壊した魚道がそのまま放置されていることも珍しくない。「魚道があるから大丈夫」というようなものではないのだ。

見落とされがちなのは、魚道は基本的には上流へと遡上させるための施設であるということで、魚を下流に下らせる通路としての機能はほとんど持ち合わせていない。もちろん小規模な堰であれば、それでも問題はないのだが、ある程度の大きさの貯水池を持つ堰では、魚が川を下る時期にうまく降下させることは難しく、堰のゲートを開放するということ以外に十分な効果を上げる方法は今のところない。

とくに河口堰のようにアユの産卵場の下流に造られた堰では、遊泳力のない仔魚が貯水池にトラップされてしまう。堰の最大の役目である貯水は、見方を変えれば流速を遅くすることにほかならず、アユ仔魚が海へと流下する時間を延長してしまう。長崎大学の井口恵一朗さんらの研究によると、アユの仔魚が卵から孵化した時点で卵黄に保有している生きるためのエネルギーは実質的には3〜4日分で、そのタイムリミットを過ぎてしまうと飢餓に陥り、その後しばらくは生残していたとしても、そこからの回復は見込めない。このような理由から、アユの産卵場の下流に堰のある河川で、天然アユ資源が高水準で維持されている河川は、筆者の知るかぎりない。当然のことながら、そのような河川では天然アユを増やすことも難しい。

5．河口堰の影響で海に下れず死ぬ仔魚

では、長良川河口堰ではどのようにしてアユへの悪影響、とくに仔魚への影響を回避または軽減しようとしたのか？　堰の運用開始前に作成された資料に目を通してみた。

河口堰計画段階での調査である木曽三川河口資源調査（1963年から4年余りにわたり実施）において流下仔アユの調査を担当した岐阜大学（当時）の和田吉弘さんは、一連の調査から「河口堰の湛水域による降下（流下）時間の延長により、アユ仔魚の減耗率が高まることは必定」と述べていた。(注1) 計画段階ではアユ仔魚への悪影響は強く懸念されていたのである。

ところが、河口堰運用前に建設省河川局・水資源開発公団（現水資源機構）が最終的な検討結果を記述した「長良川河口堰に関する追加調査報告書」（1992年3月）では、「湛水後はアユ仔魚の流下に係る時間の延長はあるものの、最上流の産卵場（河口から50㎞地点）から堰直下の汽水域までの流下時間は平

均流速から計算すると2・5～6・5日で、絶食生残日数である5～8日を越えることは少ないので、影響は軽微である」と記述されている。アユ仔魚への影響の判断は、運用開始前になって大きく変わったのである。

この判断の変更が適切なものであるなら問題はないのだが、追加調査報告書の検討結果は重要ないくつかの事実を見逃している。いや、正確に言えば、追加調査報告書が作成された時点では、それらの事実がまだ知られていなかったため、影響を過小に評価してしまっている。その重要な事実とは以下の3つである。

①流下中のアユ仔魚は、昼間は体比重が大きくなり、淵などの緩流部で底層に沈下した状態で滞留し、流下しづらくなる。

②卵黄を消費して飢餓状態に陥ると、生きた状態で堰の下流に到達できたとしても現実的には生残できない（卵黄の保有期間は3～4日程度）。

③アユの仔魚は産卵床から河川水に浮上した時点で、すでに卵黄をかなり消費していることがある。

補足説明を加えると、①のアユ仔魚の日周的な鉛直移動は、紫外線の悪影響や捕食者を回避するために獲得した行動と考えられるが、流下に要する時間を長くするというデメリットもある。昼間は流れないとすると海への到達に必要な流下時間はおよそ2倍となり、追加調査報告書の「流速から計算した流下時間は2・5～6・5日で、絶食生残日数の5～8日をほとんど越えない」という考え方は成り立たなくなる。

②については先にもふれたが、運良く生きた状態で仔魚が堰を通過できたとしても、卵黄を吸収し終えて飢餓状態に入ってしまうと、浸透圧調節などに使うエネルギーが足らず、そこからの回復は見込めなくなる。つまり、実質的な絶食生残日数は卵黄を消費するまでの3～4日なのである。

図4　長良川下流域のアユの産卵場の河床。表面の小石を除くと、その下には砂分が多かった（2014年10月、高橋勇夫撮影）

③は、最近の研究（注2）からわかってきたことで、河床に砂分が多い河川ではアユ仔魚が河床の礫中で孵化した後、表流水にまで浮上するのに数日が掛かることがある。砂粒によって産卵床が目詰まりし、スムーズに浮上できなくなるためである。そして、卵黄をかなり消費した状態で流下をスタートした場合、飢餓状態に陥るまでの日数はさらに短くなり、生残できる可能性は大きく低下する。問題は長良川の産卵場の河床に砂が多いかどうかなのだが、それは定かではない。ただ少なくとも、筆者が潜って観察した２０１４年時点での主産卵域の河床の砂の多さ（図４）は、前述のようなことが起こりうる状態であった。

以上のような理由から、「絶食生残日数である5～8日以内に海域に到達するから大丈夫」という追加調査報告書の結論は、影響を相当に過小評価している可能性が高い。とくに高水温ほど卵黄の消費が速いため、早生まれのアユに対する影響は相対的に大きいはずである。そして、この推察が的外れなものではないことは、アユ仔魚に関するモニタリング調査のデータからも確認することができた。詳細は後述する。

6. 冷水病と小型化問題

アユの漁獲量が１９９０年代初頭から急減したことは、すでに紹介した。その不漁の原因の一つが冷水病である。アユ型冷水病は１９９０年頃に確認され、90年代には短期間のうちに大量死を起こすほどの猛威を振るった疾病で（図5）、すでに全国的に蔓延している。蔓延の一端を担ったのは種苗放流であった。とくに大規模なクラスターが発生していることがわかっていた琵琶湖産の種苗を、各地の河川に放流し続けたことが感染拡大を助長した。

近年では大量死の情報こそ少なくなっているものの、アユがストレスを抱えるような条件（過密、濁り、水温の急低下など）が揃うと、その後に冷水病を発症して弱った（死にかけた）アユが川を流れている姿を見かけることは珍しくない。

図5　アユ型冷水病を発症したアユ。体側部の穴あきが典型的な症状（高橋勇夫撮影）

アユ型冷水病菌は、北米産のギンザケの種苗に紛れて日本に侵入、変異し、アユに強い病原性を持つようになったと考えられてきた。ところが、近畿大学の永田恵里奈さんらの研究から、アユ型冷水病菌は遺伝的にはギンザケ型の冷水病菌との類縁関係は遠く、コイ型の冷水病菌に近いことが判明した。従来の外来説はまったくの誤解であったのである。なぜ、アユ型冷水病菌が生まれたのか、どこから来たのか、今のところわかっていない。

その一方で、最近になって事態はより深刻になっていることがわかってきた。それは、アユ型冷水病菌はアユが川から姿を消す（冷水病菌側から見ると宿主がいなくなる）冬場も川の中でしぶとく生き抜き、常在化してしまっているというのである。これを突き止めたのは岐阜高校の生徒さんたちと岐阜県水産研究所や神戸大学の研究者らで、長良川と揖斐川での環境ＤＮＡの分析から、河川内にアユ型冷水病菌が１年中いることを明らかにした。菌が常在化してしまうと、海から遡上してきた稚アユでも、保菌していない人工アユであっても、川に入ると感染してしまうということになる。実際、2018年4月には高知県の奈半利(なはり)川の下流（河口から1km未満）で、遡上してきたばかりのアユが大量に死亡し、その後の調査で原因は冷水病と判明した事例もある。

冷水病のほかに、アユの業界で近年問題となりつつあるのが「小型化」。三重大学の間野静雄さん（現在は「川の研究室」を主宰）は長良川でこの問題に取り組み、次のようなメカニズムを明らかにした。天然アユは海から遡上してきた段階では、放流されたアユよりも、おおむねサイズが小さい。サイズが小さいとナワバリ形成に不利で成長が遅れる。その結果、小型化する、というのが大筋である。おまけに、成長が抑制されることで釣れ始める時期が夏の後半にまでずれ込むことも多く、不漁の一因となっている。

こういった「小型化問題」は相対的に放流量が少ない高知の河川では起きていないことから、間野さんらの突き止めた小型化の理由、すなわち、「放流アユによる天然アユの生態的地位の圧迫」は、確かなことであるように思える。そして産卵期まで天然アユの小型化（＝抱卵数の減少）が続くと、繁殖成功度も低下することになり、天然アユ資源のさらなる衰退につながる可能性も否定できない。

こういった小型化を解消するための対策は、種苗放流量を大きく減らすか、放流時期を遅らせるといったことになるのだが、これらの対策は漁業に大きくマイナスとなるため、実現は難しいのではないだろうか。しかし、長良川のアユを苦しめている冷水病や小型化の問題は、種苗放流を抜きにして考えることができない。なぜなら、これらの問題は種苗放流が潜在的に有していたリスクが表出した結果なのだから。

7．準絶滅危惧種への指定とその削除

岐阜市は2015年に長良川の「天然遡上アユ」を生息条件の変化によっては絶滅の危険性がある準絶

滅危惧種に指定した。現時点での絶滅危険度は小さくても、存続基盤が脆弱で絶滅する要素を有するという判断である。

これまで見てきたように、孵化仔魚が河口堰によって海までたどり着きにくい状態となっていることは疑う余地がない。実際、河口堰関連のモニタリング調査の報告書[注3]を見ると、2008〜2019年の間の堰地点でのアユ仔魚の密度は低く、20尾／㎥を超えることはごく少ない。調査データの半分あまりは5尾／㎥以下で、2008年、2018年のように堰を通過するアユ仔魚がほとんどいないという年さえ存在する。そのうえ、河口堰に到達したアユ仔魚の90％以上が飢餓状態（卵黄を保有していない）となっているケース、言い換えれば堰を通過できたとしてもその後の生残は期待できないケースが5割近くにも上る。

このような客観的なデータは、長良川では天然アユの生活環が途絶えかけていることを示唆しており、「長良川に遡上するアユの多くは他河川産ではないのか？」という疑問さえ抱かせる。「存続基盤が脆弱になっている」という、準絶滅危惧種に指定した2015年当時の判断は至極妥当なものであったのだ。

ところが2023年、岐阜市版レッドリストが改訂され、「天然遡上アユ」はリストから削除された。削除の理由は「水産上の管理を優先し、放流個体か天然個体であるかの判断が困難」とのこと。2015年の指定には相当な反発があったと聞いており、そういった意見に配慮した措置でもあるようだ。

しかし、レッドリストから削除されたからといって、天然アユが増えるわけではない。天然アユの不足を補うための種苗放流数は、じつに年間400万尾（約40ｔ）にも達している。高知県1県分（四万十川や仁淀川といった大河川を含む11河川）の総放流数250万〜300万尾を大きく上回る量が長良川1河川に放流されているのである。標準的な種苗単価で計算してみると、1億5000万円ほどになる。これほど大量の放流を行なわないとアユ漁が維持できないのであれば、天然アユ資源は相当に低水準となって

図6　1960年代の高知県物部川のアユ釣り風景（山崎房好撮影）

いる。また、種苗の無制限な添加が天然の個体群に及ぼす悪影響も心配され、実際に天然アユの小型化という問題もすでに生じている。現状から目を背けるような対応はいかがなものかというのが正直な感想である。

２０１５年、世界農業遺産に認定された「清流長良川の鮎」（詳しくは次章「長良川のアユと河口堰」参照）のサブタイトルは「里川における人と鮎のつながり」である。しかし、現状は天然アユ資源の減少を大量の種苗放流で代替し、資源の減少に警鐘を鳴らしていたレッドリストからの削除である。このようなやり方は、いびつな「人と鮎のつながり」であるようにしか筆者には見えないし、世界農業遺産に認定されるうえでの重要なキーワードである「生物多様性の保全」や「持続可能性」をそこに見出すこともできない。

最後にお見せしたいのは、今から半世紀ほど前（１９６０年代後半）の高知県物部川でのアユ釣り風景である（図６）。この時代、アユの放流はごくわずかであった。にもかかわらず、解禁日にはこのように川は釣り人で埋め尽くされていたのである。

天然アユや川の本来の豊かさ、アユと人のつながりの深さ（一方的ではあるとしても）を教えてくれる1枚であるが、このような風景はもはや日本にはない。おそらく取り戻すこともできないだろう。わずか半世紀あまりの間に失ったものの大きさを思うと無力感すら感じるが、「なかったのではなく、失った」という事実を後世に伝えることだけでも忘れないようにしたい。

謝辞

長良川河口堰のアユへの影響に関する検討資料をご提供いただいた独立行政法人水資源機構には厚くお礼申しあげる。

（注1）和田吉弘『長良川のアユづくり』治水社、177ページ、1993年

（注2）高橋勇夫・藤田真二・東 健作・岸野 底「産卵床の礫間から表流水への浮上が遅滞するアユ仔魚」『応用生態工学』23巻1号、47～57ページ、2020年

（注3）令和2年度中部地方ダム等管理フォローアップ委員会『長良川河口堰 定期報告書 概要版』

長良川のアユと河口堰

古屋康則（こややすのり）

1．私と長良川とアユ

私が生まれ育った北海道では、一部の地域・河川を除きアユは生息していなかったため、釣ったり、食べたりという文化は一般的ではなく、私の中ではアユは所詮（しょせん）川魚、海の魚と比べれば風味では劣るであろうという感覚であった。しかし、岐阜へ来て初めて天然のアユを食べたとき、なんとも上品な香りと淡白な味に驚いた。海のない岐阜にも美味しい魚がいることがわかったと同時に、河口堰問題で生物として真っ先にアユが取り上げられる理由にも納得した。アユは単なる清流のシンボルというだけでなく、岐阜にとっては郷土の文化であり、産業上重要な生き物であったのだ。

私が岐阜大学へ赴任する前の今から約30年前、巷ではグルメブームが湧き起こり、おそらくその火付け役の一つは『美味しんぼ』というコミックであったと思う。北海道のとある食堂で昼食時に店に備付けの『美味しんぼ』を読んでいたら、長良川河口堰に関する話があった。河口堰を見に来た主人公たちに向かって、河口堰推進派と思しき人物が「河口堰の両側には魚が川を上って行けるように、魚道までつくってあるんだ。岐阜大学の先生の実験では、ちゃんと70％の魚が上がることができると証明されているんだ。」

と訴えていた。ところが主人公たち一行の意見は「はて？　待ってくれよ。70％戻ってくるということは、生まれる仔魚は前の年の70％だ。」「すると次の年に生まれる仔魚は、70％のまた70％だから、最初の年の49％ってことになる。」「ありゃりゃ！　単純に計算すると5、6年もすれば長良川産の鮎はいなくなってしまうことになるよ！」といった件（くだり）があった。この話を読んで間もなく、私は岐阜大学に赴任することが決まったのだが、まさか『美味しんぼ』に出てきた「岐阜大学の先生」の後任に自分がなるとは正直驚いた。

長良川にはよく「清流」という枕詞が付けられるが、果たしてあるがままの自然や生態系を残した真の清流と言えるのだろうか。かなり上流部から流域に人々が暮らし、平野部に入るとさらに流域に暮らす人口は増え、河川周辺が自然のままということはない。しかし、平常時の長良川は、確かに水はそれほど濁っておらず、むしろ透明である。河口堰がなかった頃の長良川であれば、本流にダムがないということだけでも、揖斐川や木曽川などと比較しても特異な河川であったと思う。では河口堰が運用されている今はどうであろうか。見た目の綺麗さだけでなく、そこに棲む生き物も含めた中身はどうであろうか。以下では、そういった視点で長良川とアユについて書き綴っていきたい。

2. 長良川におけるアユの生活史の変化

長良川の天然アユは、瀬と淵が数十mの間隔で繰り返す、関市から岐阜市のあたりで産卵する（図1）。河口堰が運用される以前には、産卵は9月中旬に始まり、11月下旬から12月上旬頃まで続くと考えられていた。しかし、河口堰運用後には産卵時期は遅くなっているようである。受精卵は水温14～15℃の場合、2週間程度で孵化（ふか）するが、水温が低くなると孵化までに要する期間は長くなる。孵化のピークは、河口堰運用以前には10月下旬とされていたが、河口堰運用後は11月中旬以降へずれ込んでいる（図2）。このように産卵時期が遅くなった原因に関しては後で考察する。

孵化した仔魚は川の流れによって下流へ運ばれ、数日間で淡水と海水が混ざり合う汽水域にたどり着く。汽水域にはアユの仔魚の餌となるプランクトンが豊富に生息する。河口堰運用前には、孵化仔魚の流下に要する日数は、河口から約31km地点（以下、km地点とは河口からの距離を示す）付近までに平均3・6日、約14km地点付近までに平均4・6日、そして河口付近までに6・8日とされている（図3）。河口堰のなかっ

図1　アユの産卵場に好適な瀬が連続する岐阜市内の流れ（金華橋下流）

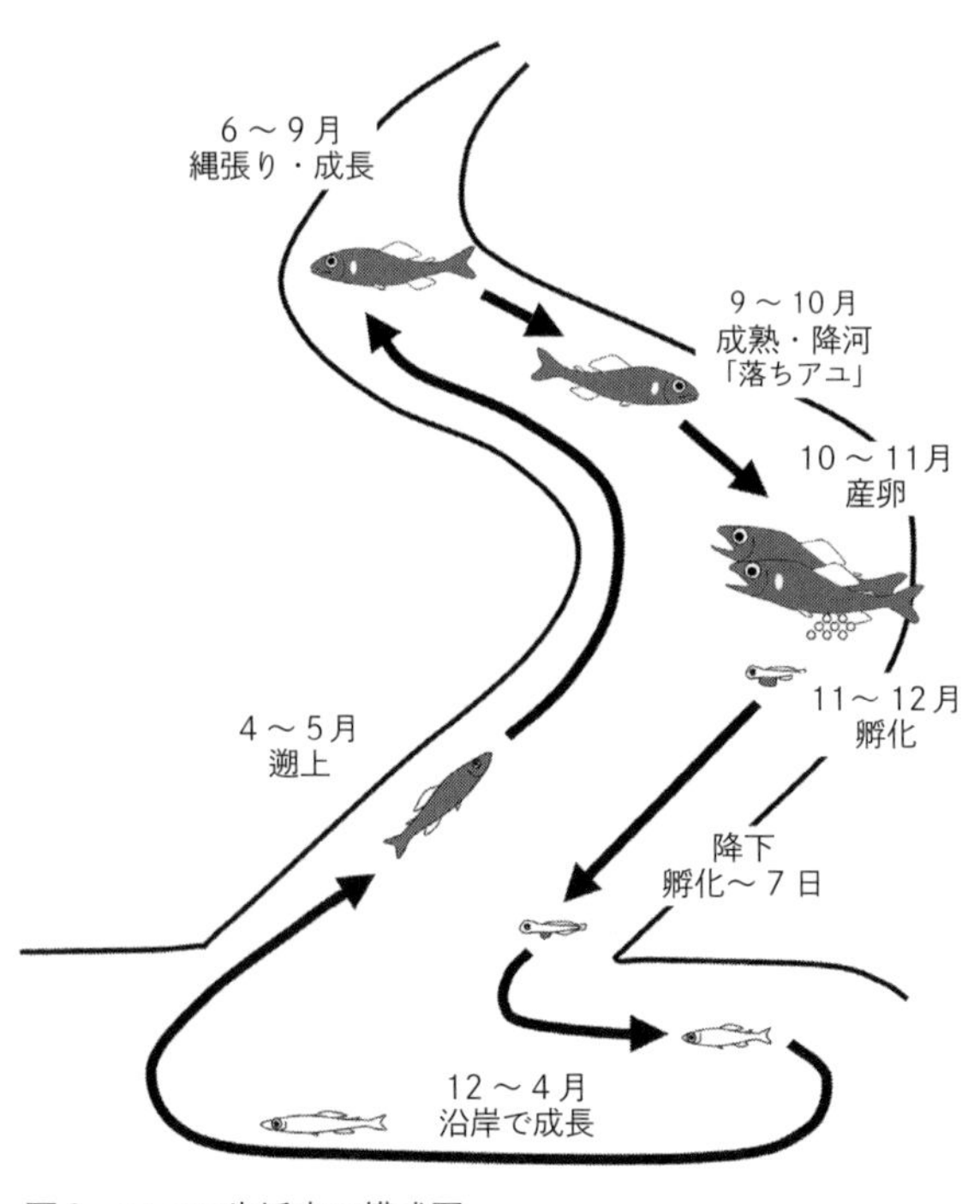

図2　アユの生活史の模式図

た頃は、14km地点付近は淡水と海水が混ざり合う汽水域であったことから、孵化から4、5日後には汽水域にたどり着いていたことになる。河口堰運用後には、後述するように多くの仔魚は流下が遅れ、さらに汽水域自体が下流へと遠のいたことから、海まで生きてたどり着く仔魚の数は激減したと考えられる。

汽水域から沿岸域へ移動したアユの仔魚は、主に節足動物のカイアシ類など動物プランクトンを食べて越冬し、河川の水温が上昇する春になると河川を遡上する。長良川への遡上は2月下旬頃から始まるとされており、最盛期は4月から5月である。群れを成して遡上したアユはその後中流から上流に定着する。初夏から盛夏にかけて、水中の石の表面で生育する付着藻類を食べて成長したアユは、やがて秋が近づくと成長をやめ、生殖腺を発達させるようになる。こうして繁殖の準備が整うと、上流まで遡上していた個体は好適な産卵場のある中下

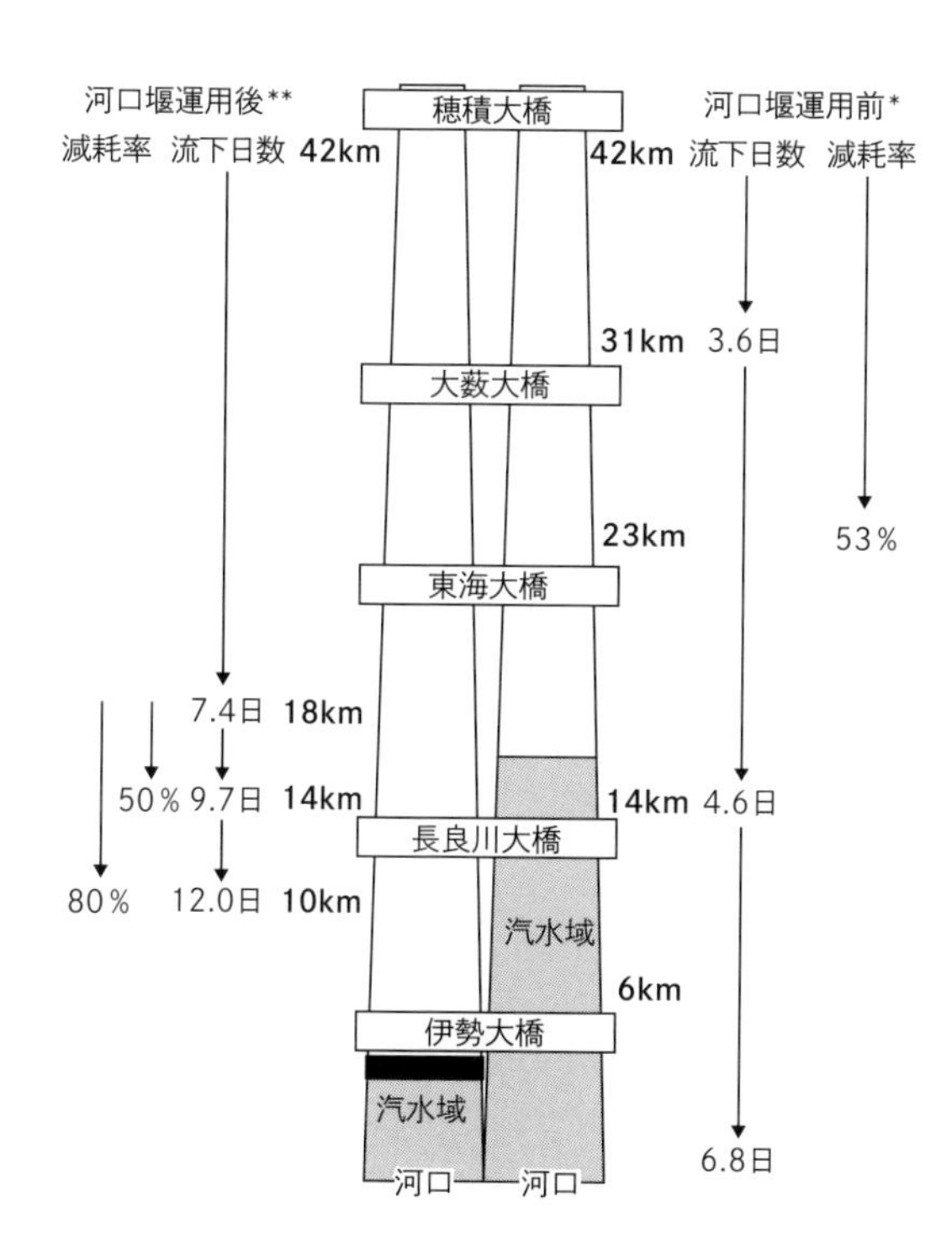

図3　河口堰運用前後での長良川の汽水域の範囲と、アユ仔魚の流下に要する日数および減耗率の比較

*河口堰運用前の流下日数データは塚本「長良川・木曽川・利根川を流下する仔アユの日齢」（日本水産学会誌、1991年）、減耗率のデータは和田・稲葉『木曽三川河口資源調査報告』（1968年）による
**河口堰運用後のデータは古屋ほか『長良川河口堰が自然環境に与えた影響』（財団法人日本自然保護協会、1999年）による

流域へと移動するようになる。産卵場で産卵を終えたアユはやがて死んでしまう。アユの寿命は多くの場合たったの1年である。

3．河口堰により長大な汽水域が消失

長良川クラスの大規模河川では、河口から十数km上流までが汽水域である（図3、4）。河川下流域では川底に塩分濃度の濃い水が上流まで入り込み、この現象を「塩水遡上」と呼んでいる。下流域の標高は海水面とほとんど変わらないため、川底の標高は海水面以下であることから、川底には海水が上流まで入り込む。川底の塩水はときとして河口から十数km上流まで遡上し、上流から流れてくる淡水と川底の塩水が境界面で少しずつ混ざり合い、汽水域を形成する（図4）。詳細な塩分濃度測定の結果から、河口堰がなかった頃には35km地点まで塩水遡上があり、この間の広大な水域が汽水域であった。汽水域は潮汐の影響を受け、1日の間でも水位が変動し、そのたびに塩分濃度にも変化が生じる。このため、汽水域は非常に複雑で変化に富んだ環境を示し、そこにはきわめて多様な生物が生息している。揖斐川の7km地点の汽水域で私たちが行なった魚類相調査では、高塩分に弱い純淡水魚が10種類であったのに対して、塩分の変化に強い「汽水魚」や川と海を行き来する「通し回遊魚」は29種類確認できた。アユも含めて、これらの魚類の仔魚・稚魚の餌となる動物プランクトンの量については、河口堰運用前の長良川での調査では、淡水域に比べて汽水域は数十倍豊富であるとされている。

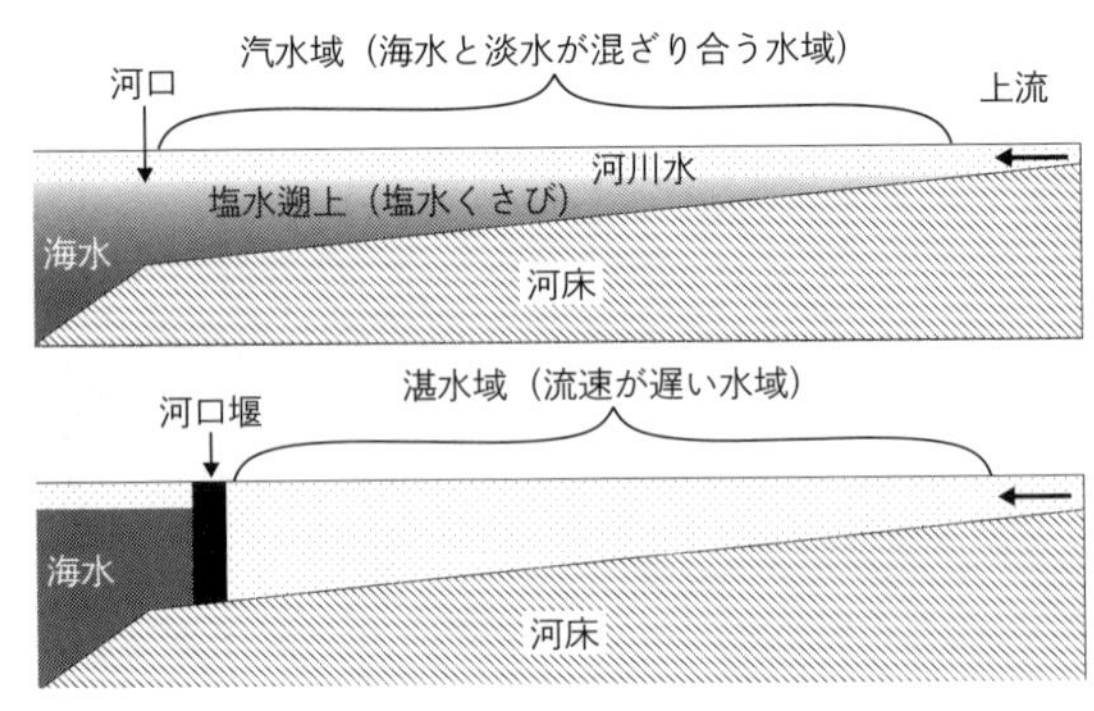

図4　河川下流部の模式図
上段は通常の河川の塩水遡上と汽水域を示す
下段は河口堰のある河川の湛水域を示す

河口堰の建設の目的（建て前）は、河口から上流への塩水遡上を食い止めることにある。したがって、河口堰より上流の川底には塩分はいっさい遡上しない（図4）。これは、それまで当たり前のように存在していた汽水域が消失したことを意味する。その消失規模は、河口堰がある5・8㎞地点から35㎞地点までの間のおよそ29㎞の区間という長大なものである。

4．アユへのさまざまな影響

河口堰がアユに与える影響について、新村安雄氏は財団法人日本自然保護協会発行の『河口堰の生態系への影響と河口域の保全』（２０００年）の中で、アユの生活史に沿って以下のように予想している。

孵化した仔魚が産卵場から河口に向かって流下する際に、流速の遅い湛水域を通過することによって流下に遅れが生じ、汽水域の豊富な餌にありつく前に飢餓で死亡する恐れがある。湛水域では利水のための取水があるため、そこに仔魚が迷入する。湛水域は流れが滞っているため、水質が悪化しやすく、仔魚の生存に悪影響を及ぼす。湛水域には肉食性の移入魚や鳥類がおり、仔魚が捕食されるリスクが高い。堰までたどり着いても、そこから下流側に行くには堰を落下することになり、仔魚の体に物理的な衝撃がかかる。またその際に捕食者に捕まりやすくなるほか、淡水から海水への急激な塩分濃度の変化を受ける。海域で成長した稚魚が河川に戻って来る際には、堰があることで他の河川への迷入が起きやすくなる。堰そのものは遡上の障害となる。堰を越えるまでに時間を要すると、捕食者に捕まるリスクが高まる。堰を越えても広大な湛水域を通過せねばならず、途中、取水口への迷入や悪化した水質の影響を受ける。遡上全体に遅れが生じる。

これらの生活史に沿ったさまざまな影響について、一つ一つを検証するのは難しいが、これらの影響の

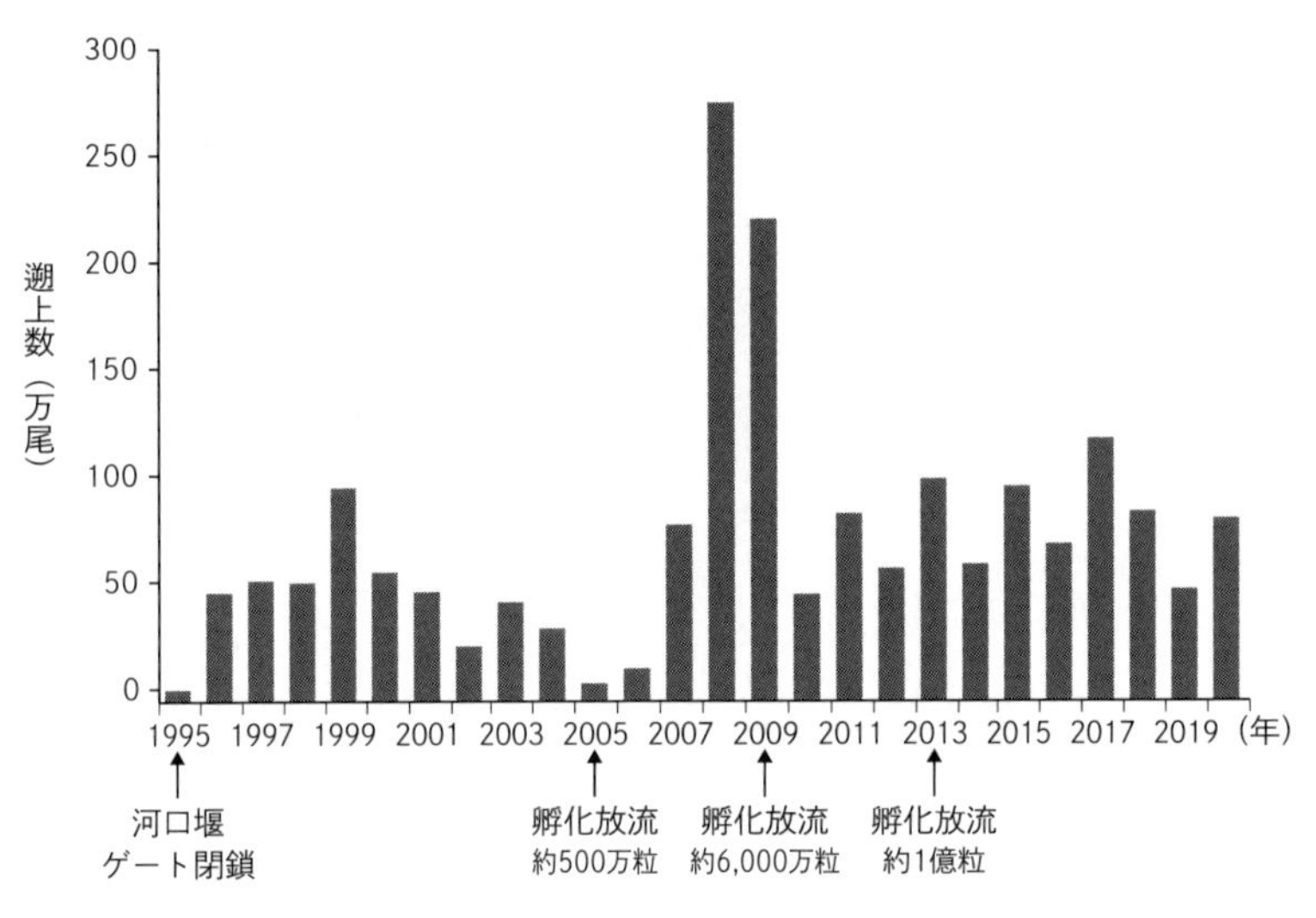

図５　河口堰の魚道を遡上するアユの若魚の数の経年変化
独立行政法人水資源機構 長良川河口堰管理所が公表したデータ
(https://www.water.go.jp/chubu/nagara/15_sojou/kakosojou.html) から作成

結果としてのアユの漁獲高の変化を見れば、個々の影響についてはわからなくても、全体として影響があるのかないのかが把握できると考えられる。以下では、河口堰の運用前後での漁獲高について、岐阜県が発表している統計資料から読み取ってみる。

5．漁獲高の変化――なぜ減ったのか？

アユの漁獲高の変動を見る前に、独立行政法人水資源機構 長良川河口堰管理所が公表している、河口堰の魚道を遡上するアユの若魚の数の経年変化を見てみる（図5）。河口堰がなかった頃にはこのような計数はできなかったため、堰の運用前との比較はできないが、堰ができて以降の傾向はある程度わかるであろう。運用後間もない１９９６年からおよそ10年間は１００万個体以下の低い水準で推移しており、２００５年には最低の７万個体にまで落ち込んだ（図5）。ところが、２００７年にはやや持ち直し、２００８年と２００９年には２００万個体を超える遡上数を記録した。その後、２０１０年には一度47万個体程度にまで落ち込んだが、２０１１年以

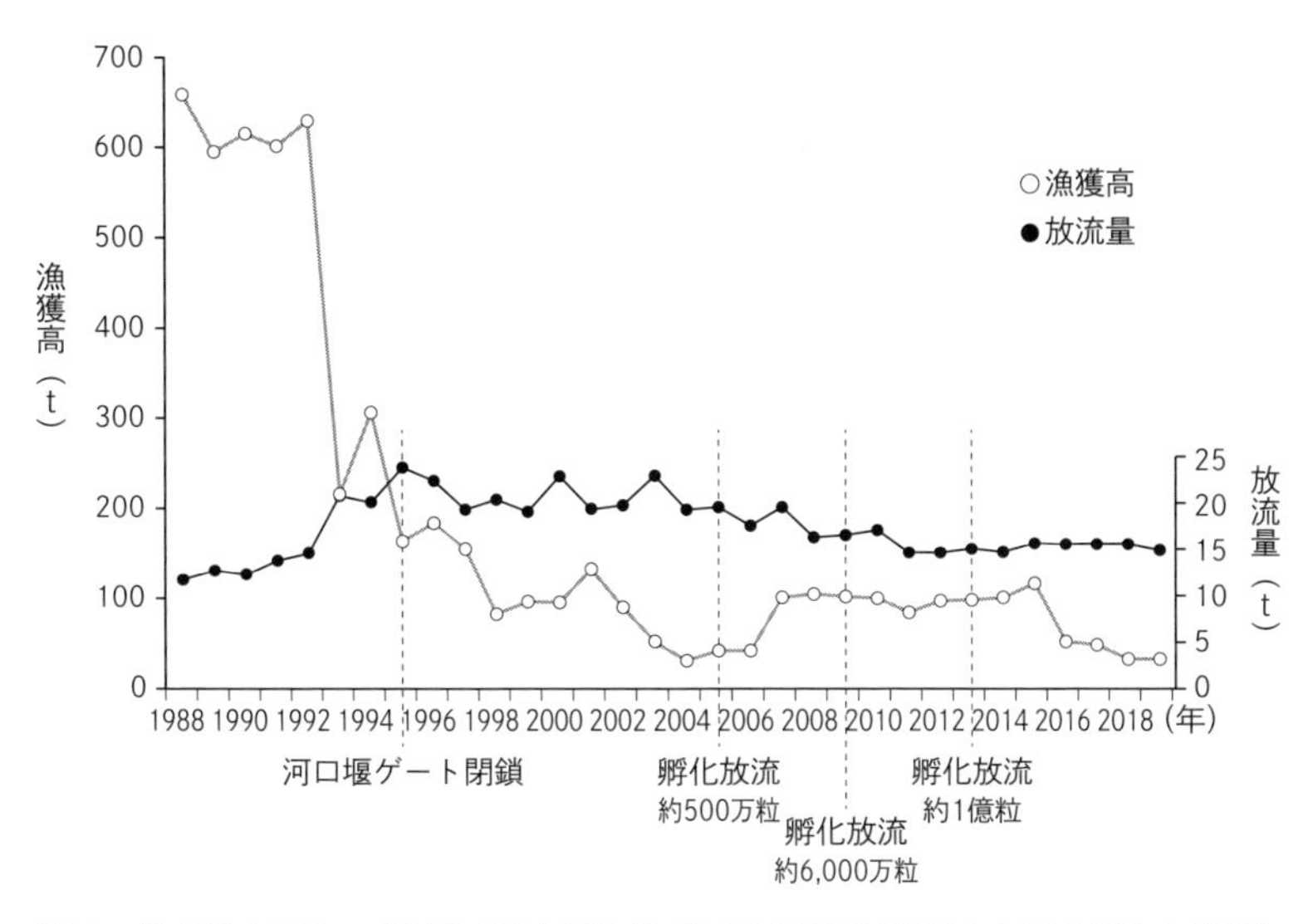

図6　長良川中下流の2漁協（長良川漁協〔旧長良川下流漁協〕と長良川中央漁協）の漁獲高と若魚の放流量の経年変化
岐阜県統計課の統計書のデータから作成

降は59万から117万個体の範囲で変動しながら推移している。2007年以降の若魚の遡上数の持ち直しについては、後述するように河口堰直上部における孵化放流事業の影響が大きいと考えられる。

長良川において天然の遡上アユの豊凶による漁獲高の影響を最も強く受けるのは中下流を管轄する漁協である。図6には1988年から2019年までの長良川中下流の二つの漁協、長良川漁協（旧長良川下流漁協）と長良川中央漁協の漁獲高と若魚の放流量を示した。中下流2漁協では、河口堰運用前には600t前後の漁獲があったが、堰運用直前の1993～1994年に、一度200～300t程度にまで減少した。これは1993年に起きた記録的な冷夏・増水や、1994年に起きた記録的な渇水、いわゆる「平成の大渇水」など、気候の急変によるものと考えられている。そして1995年に河口堰が運用されて以降は河口堰の運用の影響を受け、漁獲高は立ち直ることなく減少の一途をたどり、2004年には約30tと、最盛期のおよそ20分の1、堰運用直前と比較してもおよそ10分の1にまで減少した。

ところが、２００７年以降は最盛期には遠く及ばないながらも、２０１５年までの９年間は１００ｔ前後にまで持ち直して推移している。しかし、２０１６年から２０１９年までは再び減少傾向となっている。

この間の若魚の放流量に関しては、堰運用前の12ｔ程度から運用直後の24ｔ程度までの間で緩やかに変動しており、堰運用直後の漁獲高の減少や２００７年以降の微増との関連は認められない。これは下流域で若魚を放流しても、放流されたアユは上流へと遡上するため、当該地域の漁協の漁獲高には反映されにくいためと考えられる。

長良川の中下流２漁協のアユの漁獲高が減少した原因については、海域の環境の変化や地球温暖化の影響なども考えられ、すべてが河口堰の影響によるのかどうかはわからない。しかし、前述したように科学的な観点に基づいてアユが減少することは予想されていたわけである。予想された影響の有無を検証することで、アユの減少が河口堰による影響か否かを推定することは可能である。以下では孵化仔魚の海への流下の遅れやそれに起因する減少について検討する。

６．大半の仔魚が海に下れず死んでいる

私は１９９５年に岐阜大学に赴任した直後に、同じ研究室の山内克典教授に誘われて「長良川下流域生物相調査団」に入れていただいた。その中で私がメインとなって行なった調査がアユの仔魚の流下状況を調べるというものである。流下仔魚の採集は夜間に行なわれ、１９９６年と１９９７年に最下流の産卵場（42㎞地点の瀬）から下流の採集ポイントを転々と回って仔魚の採集を行なった。夜間の採集はボート免許を取得された山内先生が主に担当され、私は得られた仔魚サンプルの解析を担当した。

アユの仔魚の頭部にある耳石（図７）という微細な組織を顕微鏡観察することで、孵化後の日数を推定

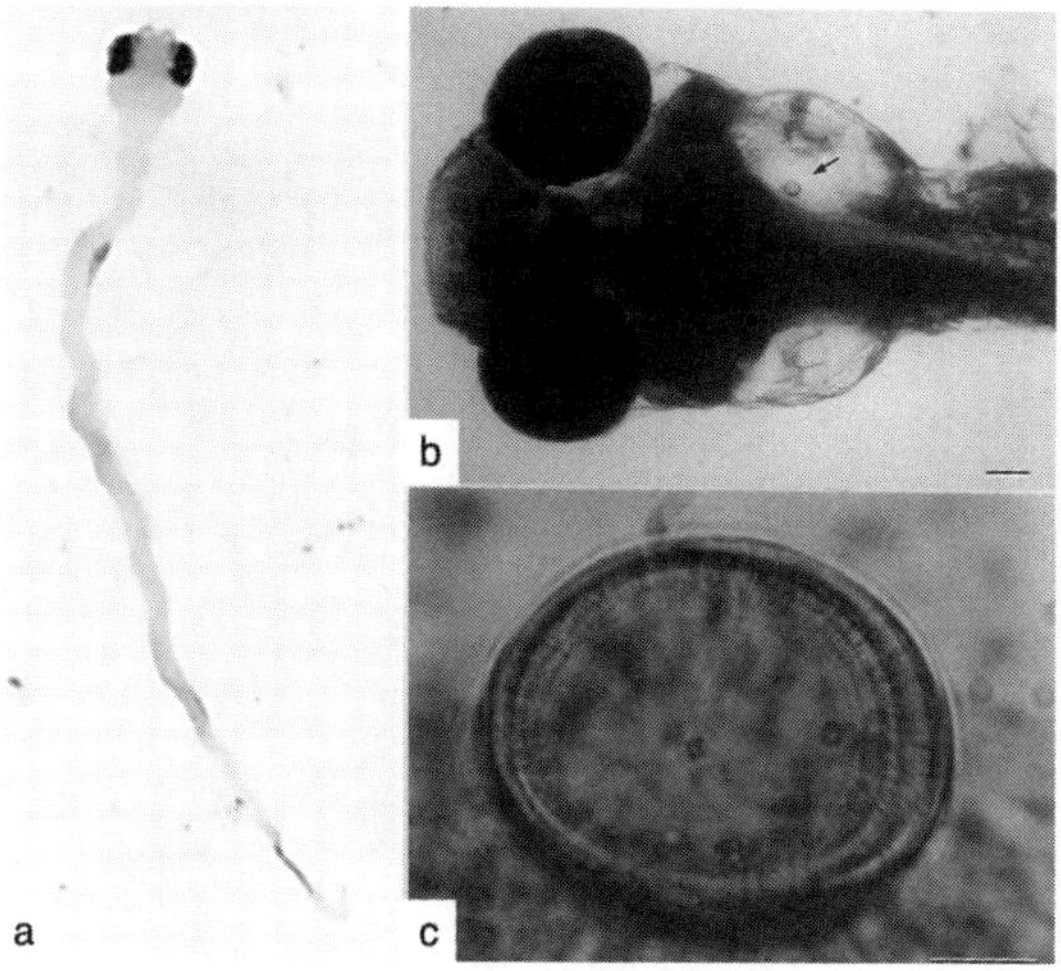

図7　採集されたアユの仔魚（固定試料）
a：アユの仔魚、b：仔魚の頭部（矢印は耳石を示す）、
c：耳石の拡大像（周縁部に日周輪が刻まれている）

できる。これを用いて仔魚が流下するのに要する日数（孵化後の日齢）を調べた。42km地点を起点（0日齢）とすると、18km地点、14km地点、10km地点で採集された仔魚の日齢はそれぞれ、7・4日、9・7日、および12・0日となった（図3）。先に述べたように、河口堰が運用される以前の調査では、14km地点まで流下するのに要する日数は平均4・6日であった（図3）。単純に考えて14km地点までも堰運用後には倍の日数を要している。

河口堰のない揖斐川でも同様の調査を行なったところ、最下流の産卵場と考えられる41km地点から12km地点までの流下に要する日数は平均3・1日で、この数値は河口堰運用前の長良川での値と大差ないものである。以上の調査結果から、河口堰によってできた流速の遅い湛水域がアユの仔魚の流下を妨げるという予想はおおむね的中したと言える。

14km地点および10km地点で採集された仔魚は孵化後の日数から想像できるとおり、自分の持っている栄養（卵黄）を使い果たしており、餌となるプランクトンを摂食しなければ生きていけない状態にある。10km地点でもなお汽水域には遠く及ばない完全な淡水域であり（図3）、餌となる動物プランクトンに乏しい水域である。この流速が遅く、かつ餌の少ない長大な水域をどれだけの仔魚が生き延びて通過し、河口堰よりも下流の汽水域に到達できているのであろうか。

仔魚の日齢査定の調査の際には、各地点での仔魚の生息密度の推定も行なった。得られた仔魚の相対密度は18㎞地点から14㎞地点の間で2分の1に減少し、そこから10㎞地点までの間でさらに2分の1に減少している。大まかに言えば、18㎞地点から10㎞地点までの間で5分の1程度（減耗率約80％）に密度が減少している（図3）。河口堰運用前の長良川では42㎞地点から23㎞地点までの20㎞区間の減耗率が53％と算定されている（図3）ことと比較すると、河口堰運用後の減耗率は著しく高いと言える。

7．遡上する若魚の小型化

国土交通省中部地方整備局・水資源機構中部支社が２００４年に公表した遡上アユのモニタリングデータによると、遡上アユの平均体長のピークは１９９５年には61～70㎜であったが、１９９７年には51～60㎜へと10㎜ほど小さくなっている。また、最小の体長群である41～50㎜の個体の割合も、１９９５年には数％だったが、２００３年には20％を超えている。すなわち、河口堰の運用後には遡上時のアユの体サイズが小型化している。一般にアユでは大型の個体ほど早期に遡上し、小型の個体は遅い時期に遡上すると考えられている。つまり、河口堰運用後の長良川では早期に遡上する早生まれ・高成長の個体が少なくなり、晩期に遡上する遅生まれ・低成長の個体が増加していることになる。

新村安雄氏は前述の『河口堰の生態系への影響と河口域の保全』の中で、１９９７年から１９９９年に河口堰直上で捕獲された遡上アユの孵化日を比較している。その結果、１９９７年の遡上アユの孵化日のピークは11月上旬であったが、１９９８年の遡上アユの孵化日のピークは11月中旬とやや遅く、さらに１９９９年の遡上アユの孵化日のピークは11月下旬となっていた。たった3か年で孵化日のピークが20日程度遅くなったことになる。原因としては、先にも述べた孵化仔魚の流下の遅れによる死亡率の増加が考えられる。早期に孵化したアユほど河川水温が高いために流下の途中での栄養消費が激しく、餌の豊富な汽水域へ到達する前に死亡してしまう。一方、晩期に孵化したアユほど河川水温が低いために栄養の消費がゆっくりと進み、生きて汽水域へ到達できる個体が増えると考えられる。長良川では遅い時期に孵化した仔魚だけが生きて汽水域までたどり着き、春には小さい体サイズで長良川を遡上し、遅い時期に産卵する個体のみが繁殖して子孫を残すようになった可能性がある。

8．人工授精卵の孵化・放流事業

長良川では2005年から流域の長良川漁業対策協議会と長良川漁業協同組合によって、河口堰直上部でアユの人工授精卵の飼育・孵化放流事業（以下、孵化放流事業）が行なわれている。この事業は、人工授精させたアユの卵を河口堰まで運搬し、河口堰の直上部に設けられた施設に収容して孵化するまで飼育し、孵化した仔魚を河口堰の下流に直接放流するというものであり、堰によって孵化仔魚が海域へ到達できなくなったものを補うための事業と考えることができる。図8には孵化放流事業による搬入卵数の経年変化を示した。この事業が開始した当初は孵化施設に搬入された卵数は500万粒程度であったが、2008年には約3000万粒、2009年には6000万粒、2010年には9000万粒と年々増加し、2013年にはついに1億粒を超えるまでになっている。授精卵の搬入数が増加した時期と河口堰魚道における若魚の遡上数が200万個体を超えるまで持ち直した（図5）時期が一致するのは偶然ではないと考える。また、2007年以降に長良川中下流の2漁協の漁獲高が100t前後にまで持ち直した（図6）ことは、この孵化放流事業に負うところが大きいと考えられる。

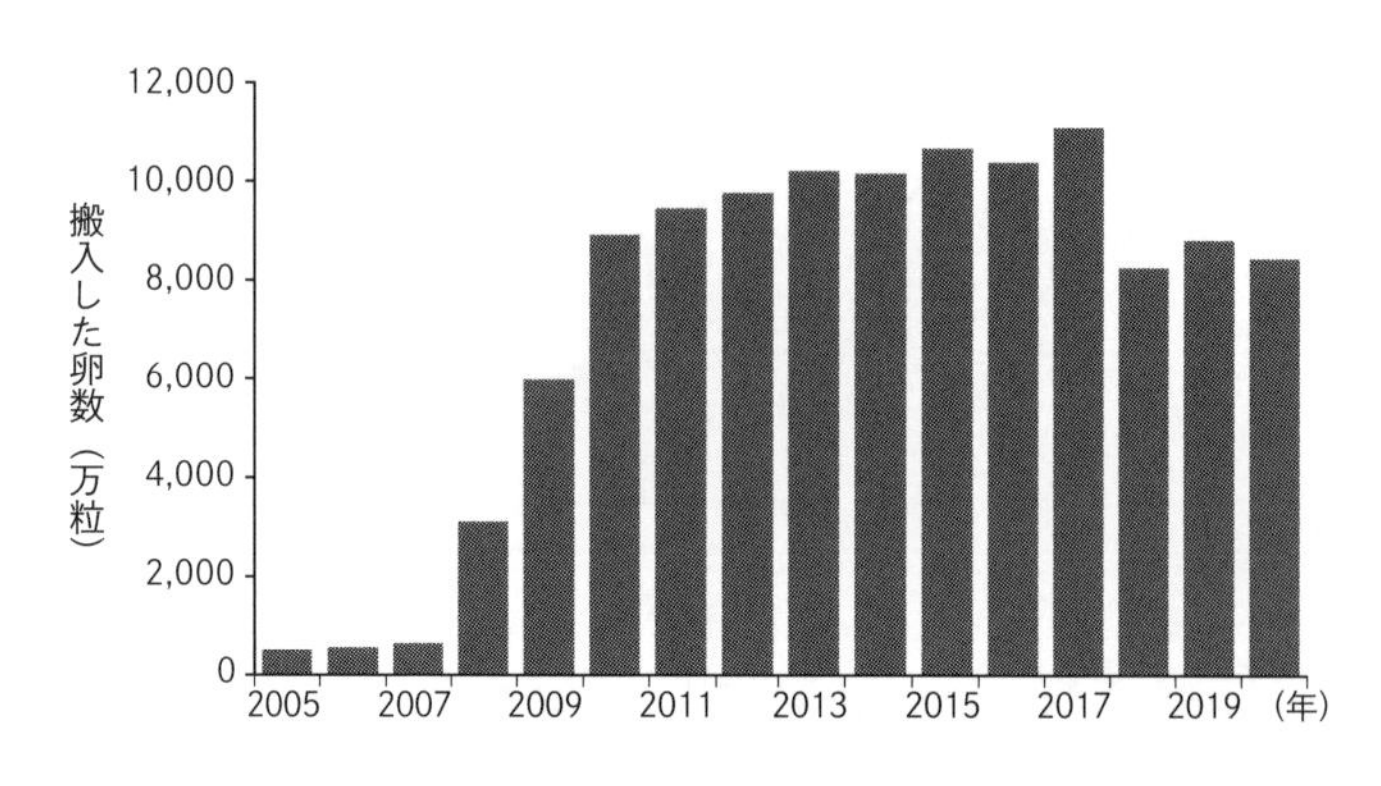

図8　長良川漁業対策協議会と長良川漁業協同組合による河口堰直上部でのアユの人工授精卵の飼育・孵化放流事業における搬入卵数の経年変化
独立行政法人水資源機構 長良川河口堰管理所が公表しているデータ（https://www.water.go.jp/chubu/nagara/25_torikumi/ayufuka.html）をトレースして作成

孵化放流事業が、漁獲高が落ち込んだ２００５年の開始から現在までの16年間拡大しながら継続されてきたことは、仔魚の海域への降下数を補うことでなんとか漁獲高が維持されるということを漁業者がよく理解していることの証とも言える。孵化放流事業が若魚の遡上数や漁獲高の増加に貢献しているとすれば、裏を返せば河口堰が仔魚の流下を妨げることで遡上数や漁獲高が減少したことを意味する。長良川のアユ資源を維持していくには、人の手によって孵化放流事業を継続することが必須な状況にあると言える。

孵化放流事業は２００９年以降うまく機能しているように思われたが、２０１６年以降は再び漁獲高は減少し、２０１９年には30ｔ程度に落ち込んでいる。その原因はよくわからないが、河口堰魚道における若魚の遡上数には２０１３年以降に大きな変化はないので（図５）、孵化放流事業による若魚の遡上数の確保はできていると思われる。そうすると、若魚が遡上した後の河川で何かが起きていることが疑われる。近年はアユ資源の減少の要因として、カワウによる食害や、地球温暖化の影響も疑われている。これらの河川環境の変化が大きくなり、孵化放流事業をもってしても減少に歯止めがかけられないのかもしれない。

9．世界農業遺産には認定されたが……

２０１５年、長良川のアユは「世界農業遺産」に認定された。ちょうど孵化放流事業の効果が現われて、遡上数、漁獲高ともやや持ち直していた時期である。世界農業遺産の認定基準（農水省ホームページ）には、「世界的に重要な生物多様性及び遺伝資源が豊富であること」「農林水産業を支える天然資源の管理システムを有していること」といった項目が挙げられている。長良川のアユ資源は孵化放流事業によってなんとか保たれてきたと考えられるが、孵化放流事業は一般的に遺伝資源の多様性を奪う行為である。また人が直接、対象生物の資源に手を加える孵化放流は「天然資源の管理システム」と言っていいのか、疑問である。

岐阜県が公表している世界農業遺産「岐阜長良川の鮎」のパンフレットには、「里川全体のシステム『長良川システム』として捉えているのが特徴」であると説明されている。「長良川システム」の中には「森・川・海のつながりで育つ鮎」という項目が掲げられている。果たして長良川では森・川・海はつながっているのだろうか？　少なくとも河口堰は川と海とのつながりを分断していることを隠すことなく認めた上で、それでも世界農業遺産としての価値があるというなら、どのような価値があるのかをアピールすべきではないのか。表面上は清流を保っている長良川であるが、そこに棲む生き物も含めた中身にも誇りを持てるような真の清流を少しでも保つよう努力し、後世に伝えていくことが「遺産」であるということを忘れてほしくない。

【コラム】

長良川のアユを支える揖斐川のアユに異変

古屋康則

アユの孵化仔魚は海へ出た後、それほど遠くには拡散せずに最寄りの川に遡上することから、河口堰のアユ資源への影響を考える上で、近隣の河川を含めた資源量を考える必要がある。揖斐川は河口堰の下流で長良川と合流し、長良川に次ぐ規模をもつ水系である。揖斐川中下流域の4漁協の漁獲高（図1）は河口堰運用前には170t前後で推移し、当時の長良川中下流2漁協の漁獲高600t前後（前章「長良川のアユと河口堰」を参照）に比べるとずいぶん少ない。この間のアユの放流量には両河川で大きな違いはなく、漁獲高の違いは海からのアユの遡上数の違いを反映していると考えられる。アユが揖斐川よりも長良川へ多く遡上する原因として、水温の違いを挙げたい。国土交通省水文水質データベースから、若魚が河川へ遡上する3～4月における伊勢大橋地点の両河川の水温を比較した（図1）。1990～1995年の6か年の平均では、揖斐川よりも長良川のほうが高く、遡上が活発化する14℃に達するのは長良川のほうが早い。このため、多くの若魚が先に長良川へと遡上し、遅れてきたものが揖斐川へ配分されるのではないだろうか。そして、遡上数の違いはそのまま次世代である孵化仔魚の供給量の違いへと反映される。

次に、河口堰運用後の漁獲高（図1）を見ると、長良川と同様に減少傾向を示し、2005年には58tにまで落ち込んでいる。長良川から供給されていた孵化仔魚の減少が、揖斐川へ遡上するアユの減少につながったと考えられる。ところが漁獲高はここから急変し、2007年から3年間は、河口堰運用前を上回る200t以上を記録している。2007年は河口堰直上部での孵化放流

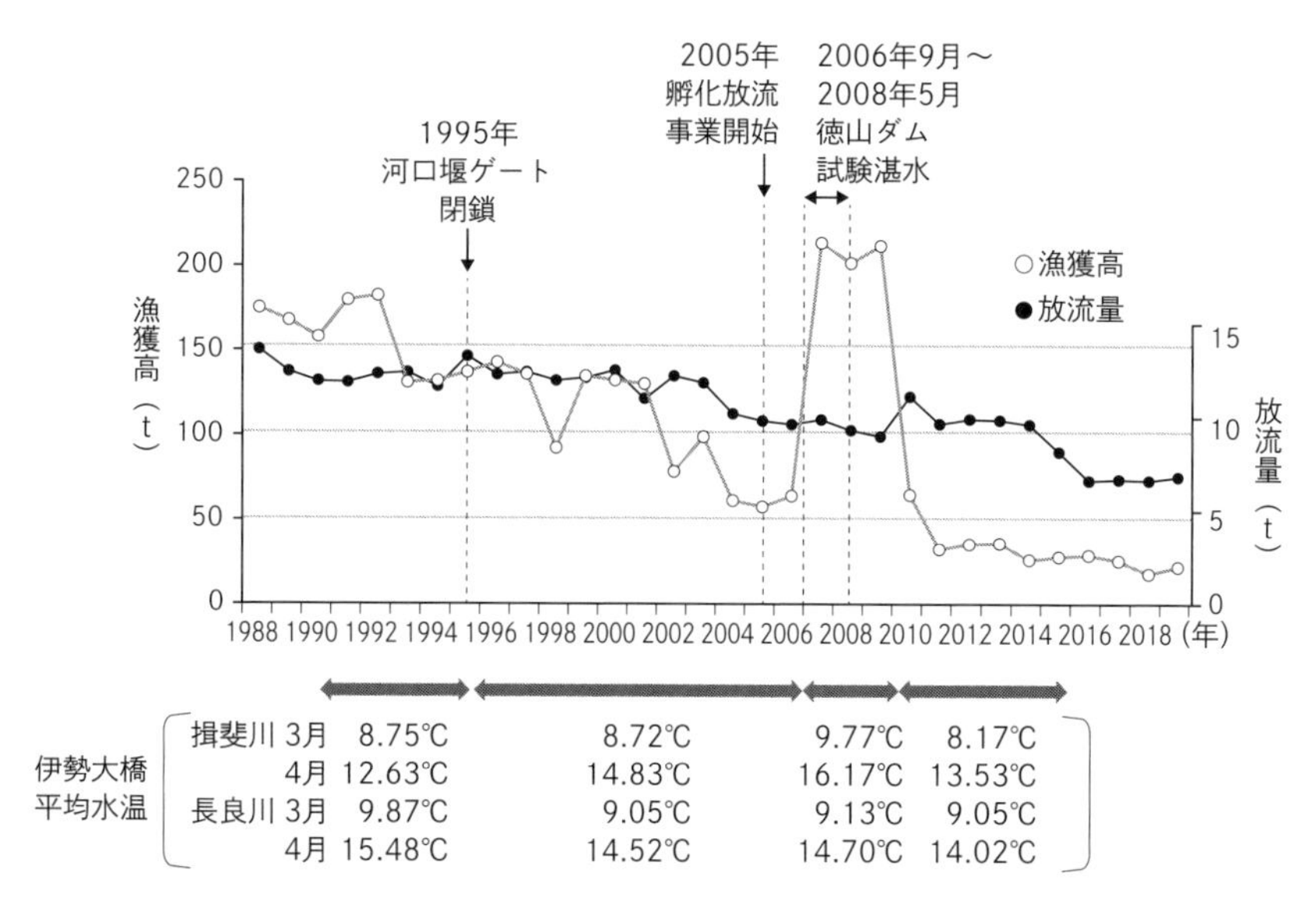

図１　揖斐川中下流域４漁協（海津漁協、西濃水産漁協、揖斐川中部漁協、根尾川筋漁協）におけるアユの漁獲高と放流量の推移、および伊勢大橋地点における３月と４月の平均水温
漁獲高は岐阜県統計課の統計書のデータから、水温は国土交通省水文水質データベースの数値から作成した

事業での搬入卵数が増加し始めた頃であり、この仔魚が揖斐川に大量に遡上した可能性がある。しかし、その好影響も２００９年までで、２０１０年以降は再び低水準に戻っている．孵化放流事業自体は継続されているのに、これはどういうことであろうか。

この前後の水温を見ると（図１）、河口堰運用後の１９９６〜２００６年までは、両河川の水温に大きな違いは見られないが、２００７〜２００９年は揖斐川のほうが水温が高い傾向にある。とくに4月には、遡上が活発になる14℃をすでに大きく超えているため、長良川で孵化放流された仔魚の大半は先に揖斐川へと遡上したことは想像に難くない。ところが２０１０〜２０１５年には、揖斐川の水温は長良川よりも低いどころか、２００６年以前の揖斐川よりも低い傾向にある。２００６年以降の揖斐川に見られた水温の上昇・下降の原因はなんであろうか。一般に上流にダムが存在すると、取水する水深によっては水温が低くなることがある。河口堰運用以前から揖斐川のほうが長良川に比べて水温が低かった原因は、上流のダム群が関係しているのではないだろうか。そして、2006年以降の不自然な変動はこの年に完成した徳山ダムでの湛水・放水が関係しているのではないだろうか。

河口堰運用以前には、春により早く水温が上昇する長良川により多くのアユが遡上し、秋にはそこで繁殖することで大量の仔魚を海域へと供給し、水温の低い揖斐川はその恩恵を受けていた。河口堰が運用されると、長良川からの仔魚の供給が大幅に減少し、揖斐川から供給される少ない仔魚が長良川のアユ資源を細々と支えてきた。このような相互補完の関係が両河川の間にはあると考えられる。揖斐川の水温がこのまま低下したままだと、揖斐川から供給される少ない仔魚の多くを長良川が吸い込むものの、次世代の仔魚は長良川からは供給されず、やがては人工孵化放流される仔魚だけが両河川のアユ資源の供給源となっていくのではないだろうか。

河口堰による生態系の変化

向井貴彦（むかいたかひこ）

1．生物多様性を支える汽水域

河川の河口付近に広がる干潟や、川の水と海の水が混じる汽水域には独特な生態系があり、川や海の生物多様性を支える重要な環境となっている。しかし、多くの人はその重要性に気づいていない。そして、日本中の干潟が埋立てや干拓で失われ、汽水域の環境は大きく改変されてきた。日本の干潟面積は、1945年頃と比較して1996年までに約40％が失われている。その後の諫早湾干拓などによって、現在ではさらに減少しているのは間違いない。

干潟は、月と太陽の引力によって生じる潮の干満によって河川下流域や河口周辺に形成される環境で、潮が引けば泥や砂でできた平らな地形が広がり、満潮になればそれらは水没して川底や海底になる。干潟は河川が運んでくる土砂が堆積して形成されるため、河川下流域（河口干潟）から河口周辺の沿岸（前浜干潟）に発達する。また、河川水と海水が混じるので干潟は汽水域に多いが、場所によって塩分濃度はさまざまである。

こうした干潟には多種多様な魚類が生息し、貝類やゴカイ類、甲殻類も多く生息する。そして、それらを食べるために渡り鳥も集まってくる。マハゼやスズキなどの釣りを楽しむこともできるし、潮干狩りもできる。干潟やその周辺の汽水域は、アユや沿岸魚の仔稚魚の生育場としても重要である。

長良川にも、こうした川と海の生き物を育む環境が発達していた。河川下流域で潮の満ち引きによって水位が変動する区間を「感潮域」と呼ぶが、長良川は河口から約40㎞上流まで感潮域だったことが知られている。長良川の源流から河口までが約166㎞であることを考えると、その約4分の1が感潮域だったといえる。長良川河口堰は、堰上流への塩水の遡上を防止し、潮汐の影響をなくすことが目的だったため、長良川全体の4分の1に影響を及ぼしている。

それでは、長良川本流の4分の1にも及ぶ範囲に影響を及ぼす大規模事業において、その自然環境への影響は十分に検討されたのだろうか？　残念ながら十分な検討が行なわれたとはいえない。河口堰建設前には木曽三川河口資源調査（ＫＳＴ）が行なわれているが、あくまで漁業対象種（水産資源）の調査が目的である。そのため、長良川では、河口堰運用前の長良川の自然の姿を記録するために、市民有志によって「長良川下流域生物相調査団」が結成された。この「長良川下流域生物相調査団」による調査がなければ河口堰運用以前の自然環境について、きわめて限定的なことしか記録が残らなかっただろう。

それでは、長良川河口堰運用以前の環境はどのようになっていたのだろうか。

2. 河口堰運用以前の長良川

長良川河口堰運用以前は、長良川河口から約40㎞上流（大垣市の墨俣（すのまた）あたり）まで感潮域だったことが知られているが、海水が河口から40㎞上流まで達していたというわけではない。満潮時に河川水が上流に向けて押されることで水位が変動するため、潮の満ち引きによる水位変化があっても、感潮域上部は基本的に淡水である。

海水が上がってくるわけではないにしても、感潮域では川の流れが満潮時に下流から上流に向けて逆転するので、汽水性や沿岸性の魚類が遡上しやすい。1957年に出版された『長良川の生物』(長良川の生物編集委員会編、岐阜県)によると、ヒイラギ、クロダイ、コチ、イシガレイが河口から10㎞あまり上流まで、シマイサキは20㎞あまり上流まで遡上していたとされる。さらに、クルメサヨリは40㎞上流の墨俣まで、マハゼは約50㎞の岐阜市鏡島あたりまで、ボラとスズキは河口から70㎞近く上流の関市小瀬あたりまで見られたとされている。こうした魚種だけでなく、海水魚の偶発的な遡上と思われるカサゴやキュウセンが河口から約15㎞の海津市で採集されている。長良川下流は汽水魚が豊富で、偶発的に遡上する海水魚もしばしば見られる環境だったのである。

また、長良川の感潮域には干潟とともに大規模なヨシ群落があったことが知られている。ヨシは水辺に生える植物であり、魚類や貝類、甲殻類などの重要な生息場所となる(図1)。

長良川のヨシ群落をどのような魚類が利用していたのか、その詳細は不明だが、揖斐川の河口から約7㎞と約15㎞地点にあるヨシ群落で毎月の魚類相の調査を1年間行なったところ、19科47種650個体の魚類が採集された(注1)。長良川上流域で確認できる魚類は約10種、中流域下部の岐阜市内の長良川本流には約30種の魚類が生息するが、それらと比較すると感潮域のヨシ群落周辺で50種近くの魚類が確認されたのは、感潮域のヨシ群落が非常に生物多様性の豊かな環境であることを示している。

魚類以外では、長良川下流域のヨシ群落周辺に大量のベンケイガニ類が生息していたことが知られている。また、ヨシ群落はヤマトシジミの稚貝の生育場としても非常に重要である。1968年の『木曽三川河口資源調査報告』などを見ると、長良川では、漁業資源として重要だった二枚貝のヤマトシジミが河口から16～18km付近まで豊富に生息していたことが知られている。これは潮汐によるヤマトシジミ幼生の上流への輸送作用や、稚貝の成長に必要なヨシ群落が発達していたためと考えられる。

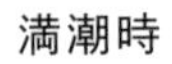

ヨシ群落は生態系の物質循環にも大きく影響している。ヨシは盛んに光合成して成長するため、窒素やリンなどの栄養塩を取り込んで植物体に蓄積する。そして、枯れたヨシは水中で微生物に分解されつつ、エビ、カニ、二枚貝やゴカイ類といったさまざまな底生動物の餌となり、そうした小動物が魚類や鳥類の餌となる。そうすることで多様な生物の生息を支え、生態系の中での物質循環に寄与している。

満潮時

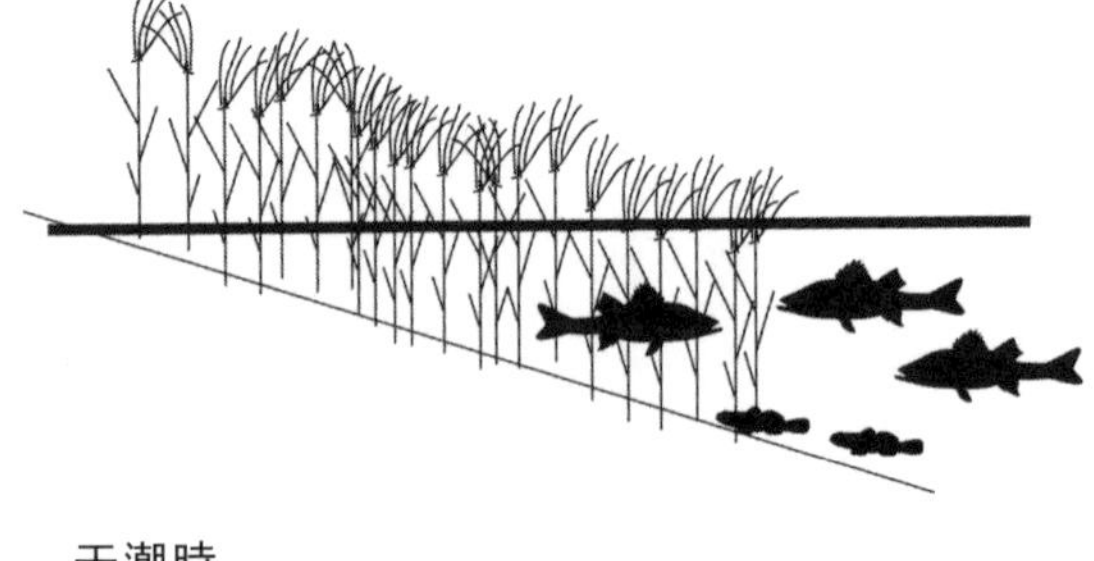

干潮時

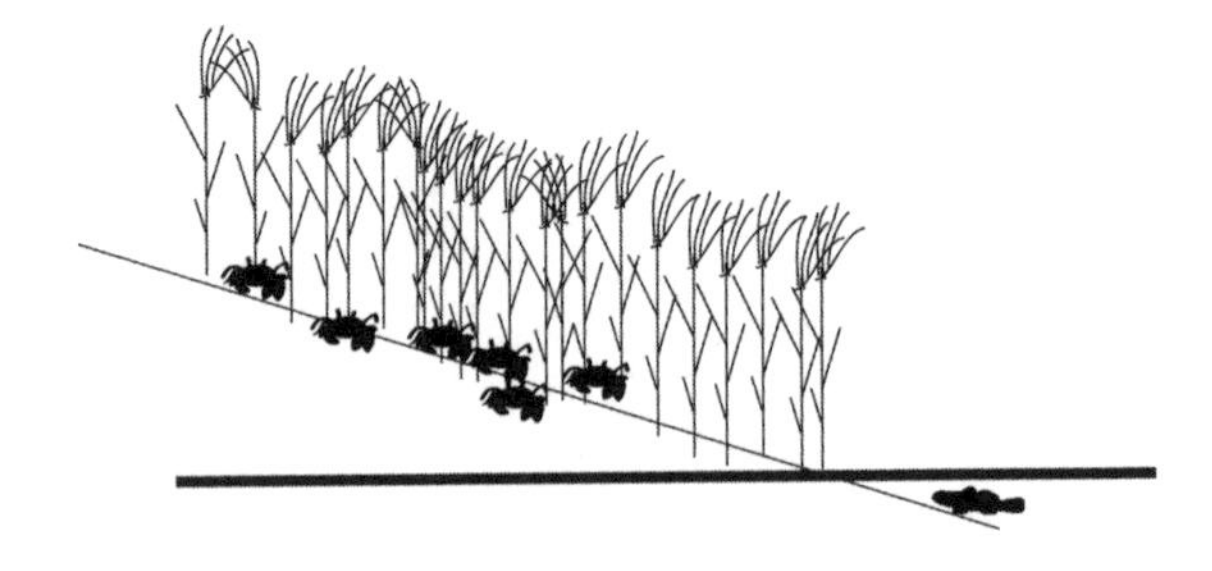

図1　揖斐川に残るヨシ群落（伊勢大橋上流右岸、2023年7月11日、向井貴彦撮影）と、魚類やカニ類の生息環境としてのヨシ群落の模式図
満潮時は魚類の隠れ場や採餌場となり、干潮時はカニ類の活動の場となる

ヨシによる栄養塩の吸収は水質浄化作用の一つであり、ほかにも、ヨシ群落の中で水流が弱められることによる濁りの沈殿除去や、ヨシの茎の表面に付着する微生物による有機物の分解、アンモニウムイオンの硝化・脱窒といった作用もある。このように、河川下流域に発達したヨシ群落はさまざまな生物の生息場としてだけでなく、水質浄化作用などを通して沿岸域の生態系にも影響していたことが推測できる。

3．河口堰運用による川底や水位の変化

長良川河口堰の建設目的には利水と治水が上げられているが、それぞれについて本当に必要なのか、あるいは効果があるのかについての議論は他の専門家に任せたい。しかし、生物への著しい影響が生じたことは間違いない。その主な原因は、治水のためとして下流域の川底の浚渫が大規模に行なわれたことと、河口堰によって塩水が遡上しないように水位を安定させたことである。

川底の浚渫は、長良川の河口から約15㎞地点に堆積していたマウンドと呼ばれる河床の地形の除去だけでなく、下流域全体にわたって行なわれている。それによって底生生物が土砂とともに除去されただけでなく、底生生物の生息に適した砂泥が失われたと考えられる。下流域の生物相が変化するのは当然であるが、本来ならば上流から供給される土砂によって、いずれは河床の地形や底質が再生し、海から供給される底生生物の幼生が定着することで元の環境に戻ると考えられる。しかし、河口堰によって海からの底生生物の供給は阻害され、結果として生物多様性の再生が阻害されている。そして、水位の安定化と塩水遡上の阻害によって以下のような影響が生じている。

4. ヨシ群落の消失

下流域のヨシ群落については、河口堰建設時にも重要性が多少なりとも認識されていたようで、ヨシ群落の保全が図られてきた。しかし、河口堰より上流のヨシ群落の大半は枯死してしまった。長良川と揖斐川の下流を見比べると、揖斐川はヨシ群落が広がっているが、長良川は水に沈まない島状の造成地に樹林が発達し、広大なヨシ群落はほぼ見られない（図2）。

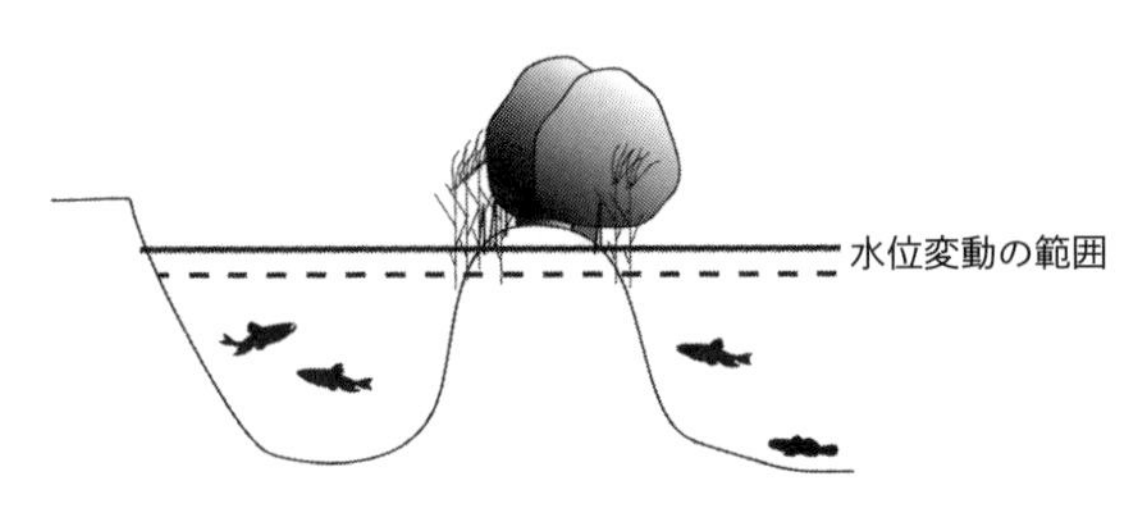

図2　長良川においてヨシ群落の保全が図られている場所（伊勢大橋上流右岸、2023年7月11日、向井貴彦撮影）と、その構造の模式図
島状の陸地には樹林が生じているが、ヨシはその周辺にわずかに生えるのみで河川から切り離された陸上生態系になっている

長良川河口堰運用前に市民有志によって結成された「長良川下流域生物相調査団」は、長良川下流における生物相を記録し、１９９６年に『長良川下流域生物相調査報告書』としてその成果をまとめているが、その中で岐阜大学教育学部の山内克典教授（当時）は、河口堰による水位変動の減少によって、ヨシ群落の大半が枯死すると予測した。そして、水位変動がわずかに生

図３　河口堰運用開始直後からのヨシ群落の衰退
出典：財団法人日本自然保護協会『長良川河口堰が自然環境に与えた影響』（1999年）

じる範囲にのみ帯状にヨシが生き残るとした。実際に河口堰運用後は帯状にヨシが残存し、山内教授の予測どおりの結果となった。しかし、さらに悪いことに、帯状に残ったヨシの根元は波などで浸食され、河口堰運用前の長良川下流域のヨシ群落の９割は消失した（図３）。ヨシ群落が衰退したのは、ヨシの根が常時水面下に没してしまうと地下茎が呼吸できずに枯死し、常時陸化した場所では他の陸上植物との競争に負けてしまうためと考えられている。[注2]

国土交通省中部地方整備局と水資源機構は、愛知県長良川河口堰最適運用検討委員会による長良川ヨシ群落についての質問に対して、長良川では「良好な水際環境」が増加している、と回答しているが、本章の図１と図２を見比べていただければ、現状の長良川下流域には水と陸の間のエコトーン（移行帯）がほとんど存在しないことがわかるだろう。長良川下流域に発達していたヨシ群落は河川生態系の一部であったが、河口堰建設後に保全が図られた「ヨシ群落もどき」は河川生態系から切り離された陸上生態系の断片でしかない。

5．魚類相の変化——シラウオ、スズキはなぜ消えた?

ヨシ群落が失われれば、そこに依存していた生物は減少する。魚類については、河口からの距離がほぼ同じ位置にある揖斐川のヨシ群落と、長良川の元ヨシ群落において、2006年の4月から11月に地曳網による定量的な方法で魚類群集を調査した。その結果、揖斐川のヨシ群落のほうが魚類の種数（揖斐川22種／長良川16種）、個体数（3010個体／1504個体）、種多様度（Shannon-Wiener の多様度指数で平均1・48／0・77）のいずれも高いことが示された。揖斐川のヨシ群落で採集された魚種はシラウオやスズキ、ハゼ類などが中心であり（図4）、長良川の元ヨシ群落ではそれらの魚種はほとんど見られなかった。

図4　長良川では激減したスズキ（上）、シラウオ（中）、マハゼ（下）。いずれも揖斐川産（向井貴彦撮影）

長良川河口堰の下流側においても同様な調査を行なったところ、河口堰下流にはシラウオやスズキ、汽水性のハゼ類が生息しており、堰上流の湛水域にはそうした魚種がほとんど生息しなくなっていることも明らかとなった（ただし、ゼロではなく少しは遡上している）。これらの魚種は、その生息条件として必ずしも塩分が必要なわけではなく、茨城県の霞ケ浦などでは淡水化された後でも生息している。つまり、河口堰の湛水域は淡水だからシラウオやスズキが生息しないのではなく、それらの魚種が生息できない環境に「劣化」しているということである。

6. 底生生物の激減——ベンケイガニ、イトメ、シジミ

河川下流域のベンケイガニ類も、長良川ではほとんど生息しなくなった。

木曽三川下流域に生息するのは、主にベンケイガニとクロベンケイガニの2種であり（図5）、これらの成体は汽水域から淡水域の川岸に穴を掘って生活している。繁殖期である夏になると、交尾を済ませたメスが受精卵をお腹に抱えて保育し、大潮の満潮時に水際でお腹をふるわせて卵を孵化（ふか）させる。孵化した幼生は下げ潮に乗って川を流れ下り、約一か月間、河口周辺の汽水域から海水域で成長し、やがて上げ潮

図5　ベンケイガニ（2018年9月23日、揖斐川、向井貴彦撮影）

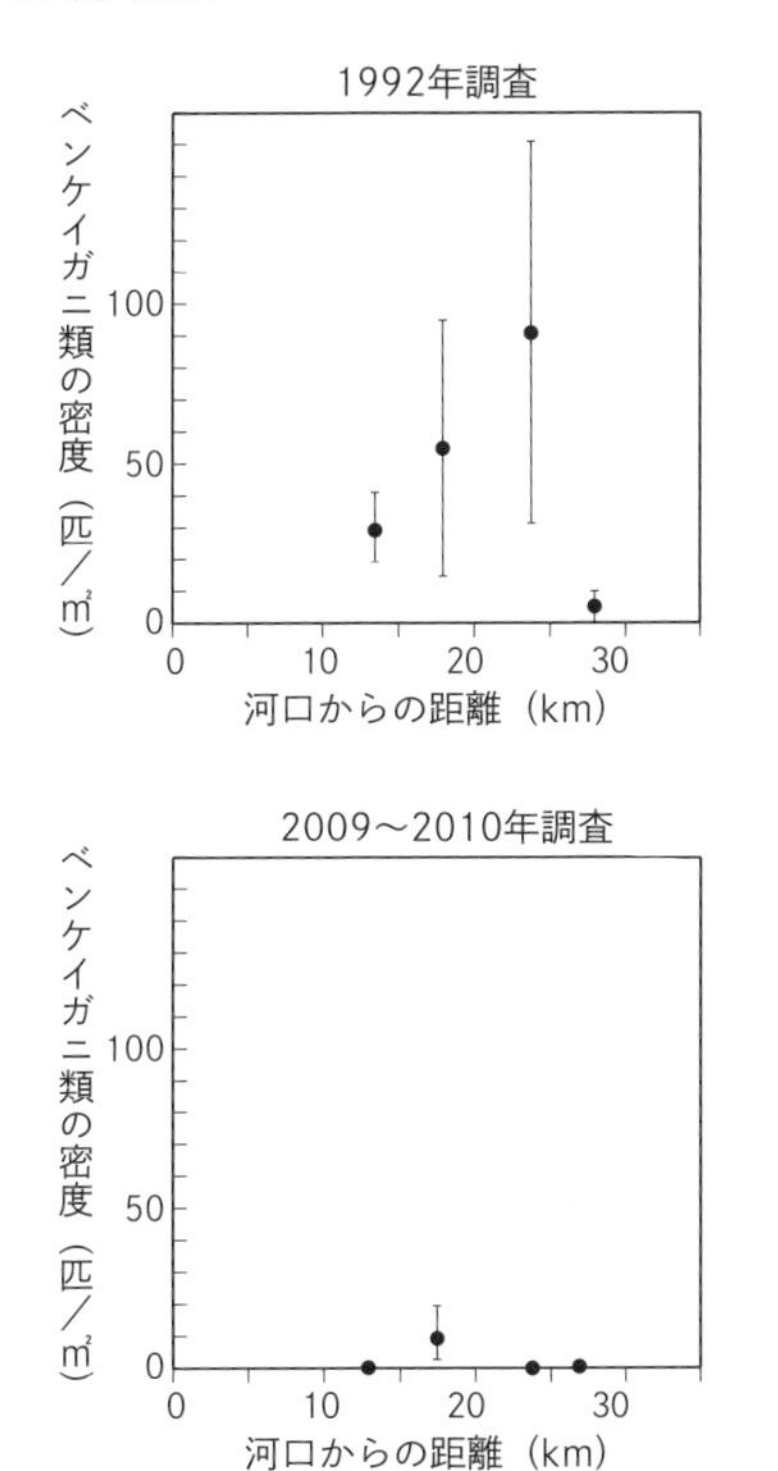

図6　長良川河口堰運用前と運用後のベンケイガニ類の密度（匹／㎡）
出典：『長良川下流域生物相調査報告書』および『長良川下流域生物相調査報告書2010』

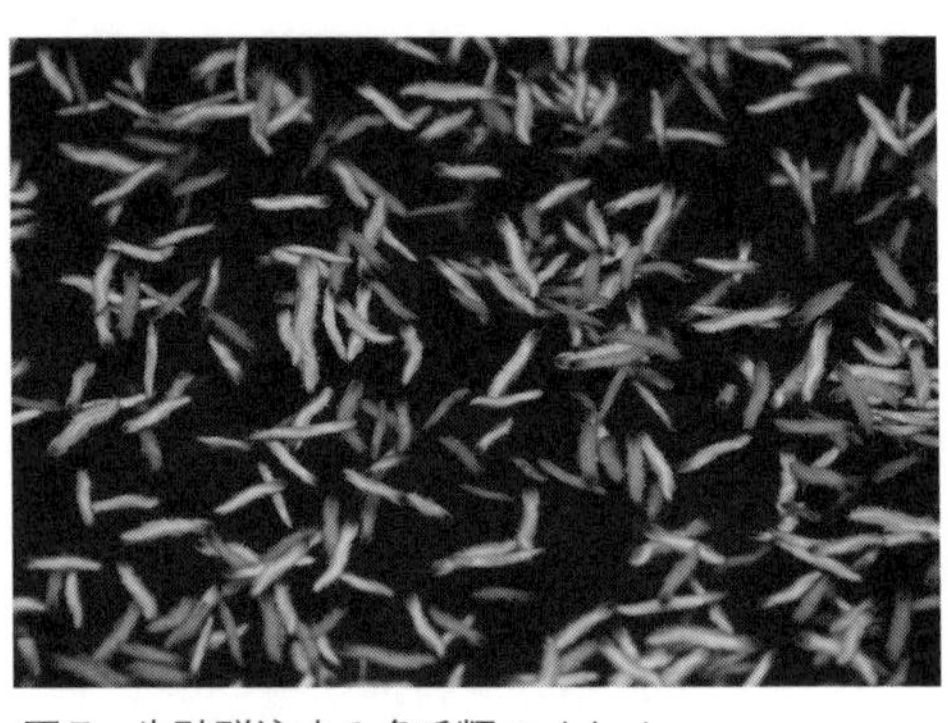
図7　生殖群泳する多毛類のイトメ
（2009年11月18日、揖斐川、長野浩文撮影）

に乗って河川を遡上し、川岸での生活を始める。

木曽川や揖斐川の下流域で河畔林の発達した場所であれば、今でも夏になれば無数のカニたちがざわめく様子を見ることができるが、今の長良川の川岸に、そうしたざわめきはない。

長良川のベンケイガニ類については、1992年に長良川下流域生物相調査団が生息密度の調査を行なっている。そのときの調査では、カニが巣穴に入っている冬季に、1ｍ四方の方形枠を置いて、その範囲内の泥を掘ることで生息密度を調査している。その結果、河口から24㎞地点でのベンケイガニ類（甲幅10㎜以下の個体を除く）の密度が最も高く、平均91・0個体／㎡にも達している。しかし、河口堰運用後は長良川におけるベンケイガニ類は激減し、2009年から2010年の調査では、長良川におけるベンケイガニ類の密度はほぼゼロであった（図6）。

長良川下流域の干潟や水中では、河口堰運用以前はイトメなどの多毛類（ゴカイの仲間）が川底に多数生息していたことも確認されている。こうした多毛類は、普段は川底の砂や泥に潜り込んでいるが、繁殖期になると大潮に合わせて水中に泳ぎ出し、生殖群泳と呼ばれる行動をとる（図7）。

多毛類の生殖群泳は釣り人の間でバチ抜けと呼ばれ、スズキなどが捕食のために集まってくることが知られている。スズキ以外の魚類にとっても多毛類の生殖群泳は大量の餌を得るチャンスであり、魚類にとって重要なイベントであることは間違いない。しかし、そうした多毛類は、長良川下流の河口堰湛水域ではまったく見られなくなった。これも、浚渫による河床の変化と、河口堰によって幼生の海からの加入がなくなったためと考えられる。

二枚貝類についても、ヤマトシジミが河口堰より上流ではまったくいなくなった。このことは、長良川河口堰管理所のウェブページに掲載されている「長良川河口堰定期報告書【概要版】」などで公表されている。ただし、淡水化による想定どおりなので問題ないと書かれている。

7．通し回遊魚への影響——サツキマス、ウナギの激減

川に棲む生き物の中には、一生の間に海と川を行き来するものがいる。サケやアユ、ウナギの仲間が代表的だが、そうした海と川を行き来する行動を「通し回遊」と呼ぶ。通し回遊を行なうのは魚類だけでなく、エビやカニ、巻貝類でも知られている。長良川で見られる通し回遊性の魚類の代表はアユやサツキマス、ニホンウナギといった水産的に重要な種と、シマヨシノボリやゴクラクハゼ、ヌマチチブ、スミウキゴリなどのハゼ類、カジカ小卵型とアユカケ（カマキリ）のようなカジカ類である。魚類以外ではモクズガニとミゾレヌマエビが通し回遊性の甲殻類である。

それでは、こうした通し回遊を行なう生物は河口堰によって海から遡上しなくなったのだろうか？じつは、そのことを判断するのは難しい。少なくとも、揖斐川や木曽川、庄内川などの上・中流域の魚類相と、現在の長良川の上・中流域の魚類相を比較しても通し回遊魚の種類に大きな違いはない。少なくとも一通りの種は長良川にも生息しており、何かが「いなくなった」というわけではない。

長良川河口堰にはさまざまな魚道が設置されており、魚道以外の部分でも、オーバーフローして流れる落差は満潮時に小さくなるため、遊泳力のある魚種が上下に行き来している姿が見られる。したがって、能動的に河川を遡上する種については、河口堰を越えられないわけではない。

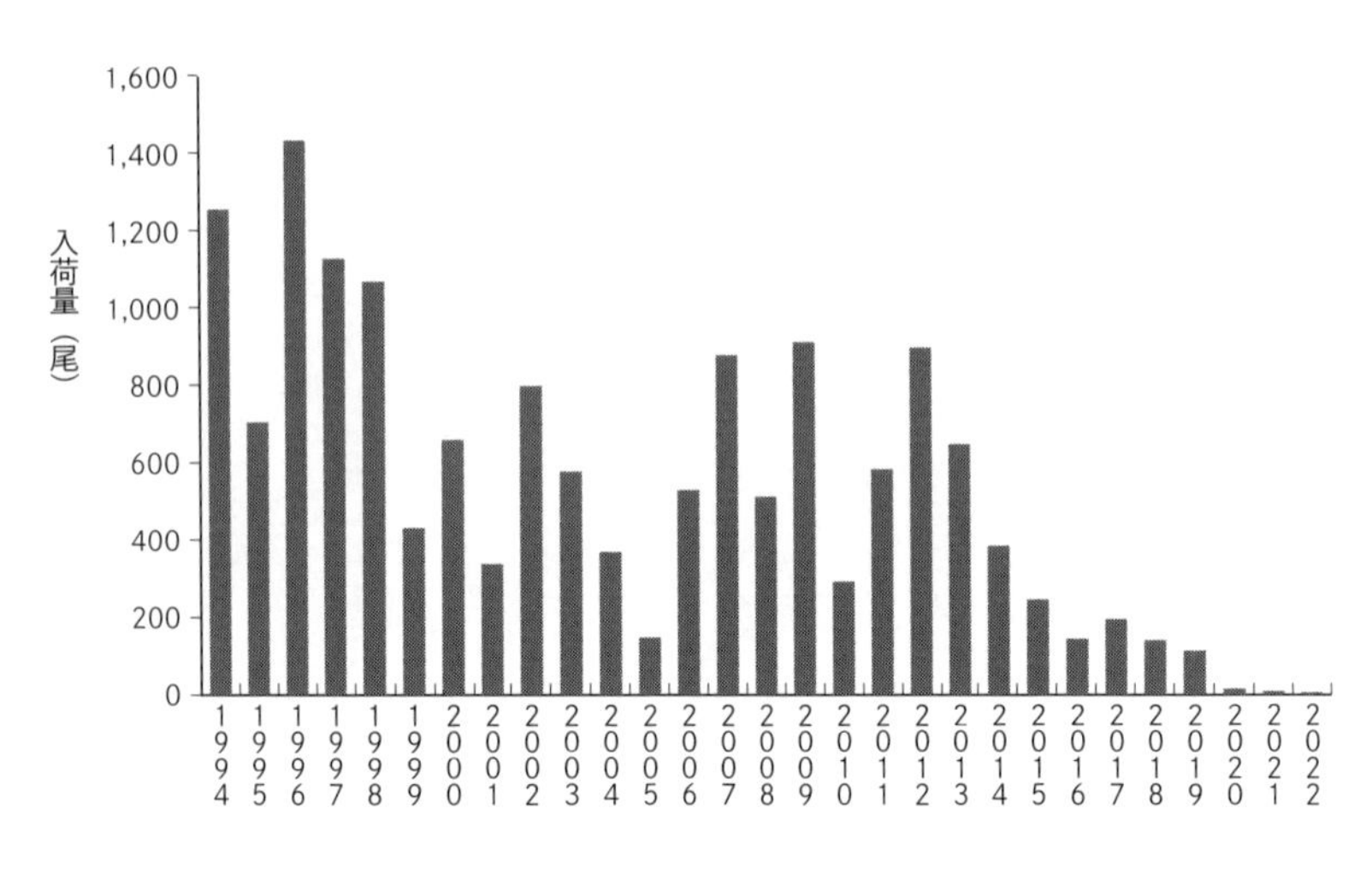

図8　岐阜市中央卸売市場における長良川産サツキマスの入荷状況

ただし、堰そのものを越えても、その後に生物多様性に乏しい湛水域を何十kmも越えなければならない。河口堰がなければ、遊泳力の小さい稚魚や幼魚は上げ潮に乗って感潮域上部まで移動し、そこから遡上していたはずである。流程１６６kmの長良川において、河口から40km遡った場所から遡上をスタートするのと、河口から５kmの河口堰からスタートするのでは、遡上に必要なコストも違ってくるだろう。そのため、河口堰を越えて通し回遊性の生物が遡上しているのは間違いないが、量的には大きく変化していることが考えられる。

アユについては他の章で議論されているので省略するが、サツキマスについては、岐阜市中央卸売市場での入荷量が公表されており、それを見るかぎりでは長良川河口堰運用後に減少し続けているように見える（図８）。市場への入荷は、実際の遡上量をそのまま反映するわけではないが、サツキマスのように市場価値が高い魚種が２０２２年には3尾しか入荷しなかったとなれば、激減していると言って差し支えないだろう。

サツキマスの減少要因には、たとえば、大規模な河川改修、地球温暖化による河川水温の上昇、上流域でのアマゴ（サツキマスの河川型）の大量放流による影響など、河口堰以外が大きく影響している可能性もあるが、そうした他の要因とともに河口堰の影響の可能性も検討するべきだろう。

ニホンウナギは日本全体で減少しているため、ＩＵＣＮ（国際自然保護連合）や環境省などのレッドリストで絶滅危惧種とされている。そのため、長良川のニホンウナギが減少していたとしても全国的な傾向を反映しているだけかもしれない。しかし、利根川河口堰の建設によって霞ケ浦のニホンウナギが激減した例が知られているため[注3]、長良川においても同様に河口堰が影響したことは考えられる。

また、ニホンウナギは、外洋で生まれたレプトケパルス幼生（葉形仔魚）が日本沿岸に来遊した後、シラスウナギへと変態し、河川の汽水域で成長することが知られている。少なくとも長良川はそうした幼魚の生育場としての汽水域を失っている。河口堰を越えてニホンウナギの仔魚が長良川に遡上したとしても、その下流域はヨシ群落もなく底生生物も乏しい環境しかない。

長良川以外の河川においても、河川下流域の環境改変が進んでいることが多く、全国的な汽水域の減少や環境悪化がニホンウナギの減少の大きな原因だと考えられるが、その一部としての長良川河口堰の影響も考慮するべきだろう。

他の通し回遊性の魚種（ハゼ類やカジカ類）については、河口堰運用以前の長良川における情報に乏しく、比較が困難である。また、種ごとに生態が異なるために、河口堰によって減少しているかどうかの判断は難しい。

たとえば、通し回遊性のハゼ類やカジカ小卵型は、アユと同様に河川中流域で産卵し、仔魚が海へと流下して成長することが多いが、長良川に生息するゴクラクハゼは、海まで下ることなく河川で生活史が完結していることが明らかになっている。揖斐川のゴクラクハゼは汽水域や海水域で仔魚期を過ごしているため、長良川のゴクラクハゼが海に下らないのは、河口堰による影響の可能性がある。しかし、それによって個体数が減少したというわけではない。

また、モクズガニは成熟した個体が海まで下り、そこで交尾、産卵することが知られている。孵化した幼生は稚ガニに変態した後に河川を遡上するが、長良川においてモクズガニの遡上量が減少したとする明確な結果は得られていない。[注4] こうしたことから、上・中流域に遡上する通し回遊性の魚類や甲殻類への河口堰の影響については不明な点も多い。

8. 伊勢湾への影響

長良川河口堰は、上流への影響だけでなく、下流側に広がる海にも影響している可能性がある。

たとえば、汽水域で成長する沿岸魚の稚魚の生育場所が失われたことで、沿岸の生物群集に影響することが想定される。また、沿岸域に供給される栄養塩（リンや窒素など）の形態の変化が生じていることも考えられる。河川から供給される栄養塩は沿岸域の生物の生産性に大きな影響を及ぼすが、リン酸や硝酸の無機態として流入するか、感潮域の生物に取り込まれた後に生物体の一部として（たとえばヨシの枯死体の分解された細粒や有機物として）流入するのかによって違ってくるだろう。

伊勢湾は水深が浅く容積が小さいため、湾全体に与える河川水の影響は大きい。長良川による伊勢湾への影響はほとんど検討されてこなかったが、適切に評価されるべきである。

9. 長良川再生の可能性

長良川河口堰の建設・運用に伴って、長良川の下流域は、浚渫され、海水が遡上しなくなり、潮汐による水位の変動がなくなり、その結果としてヨシ群落が消え、カニもゴカイもシジミも消え、下流域の魚類

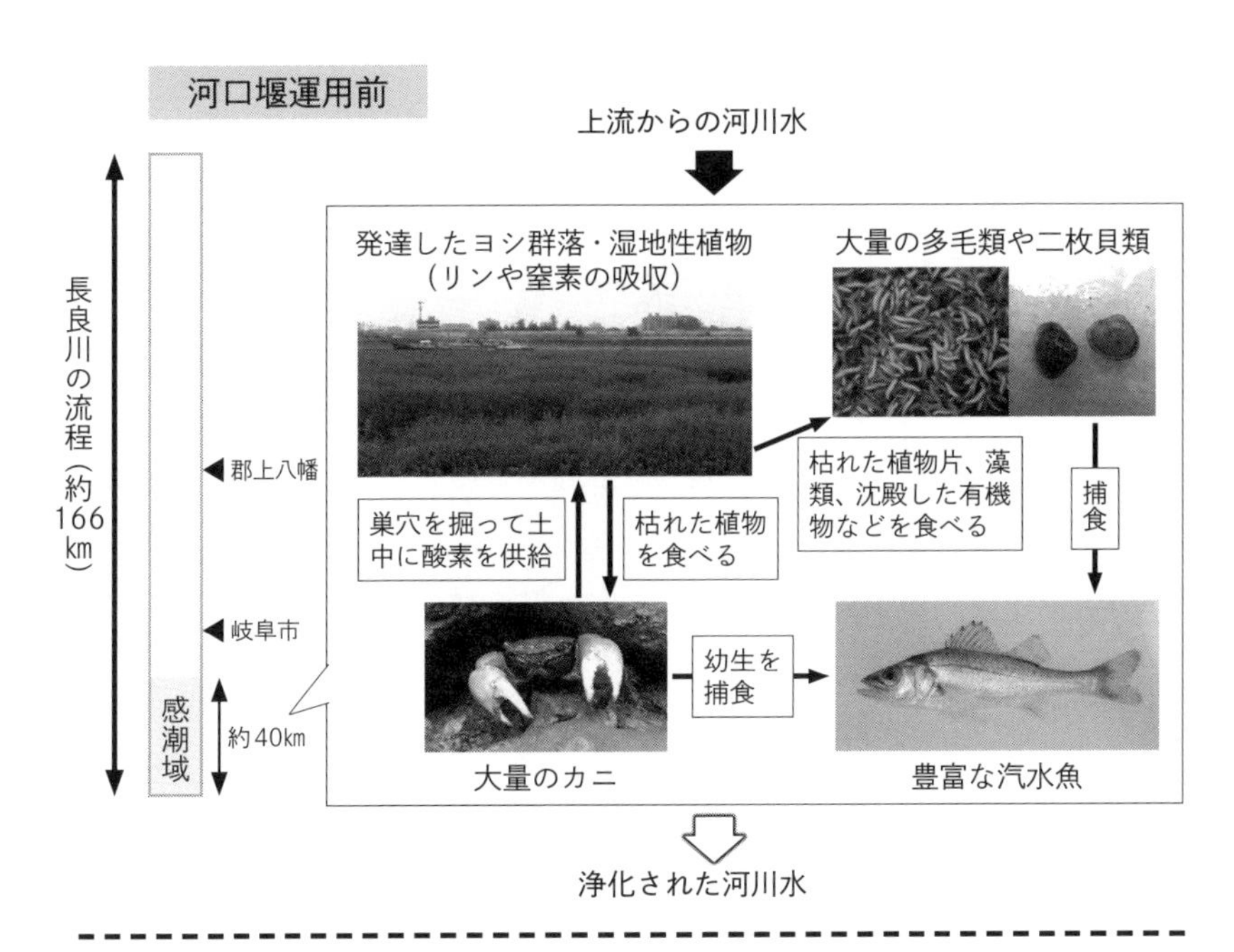

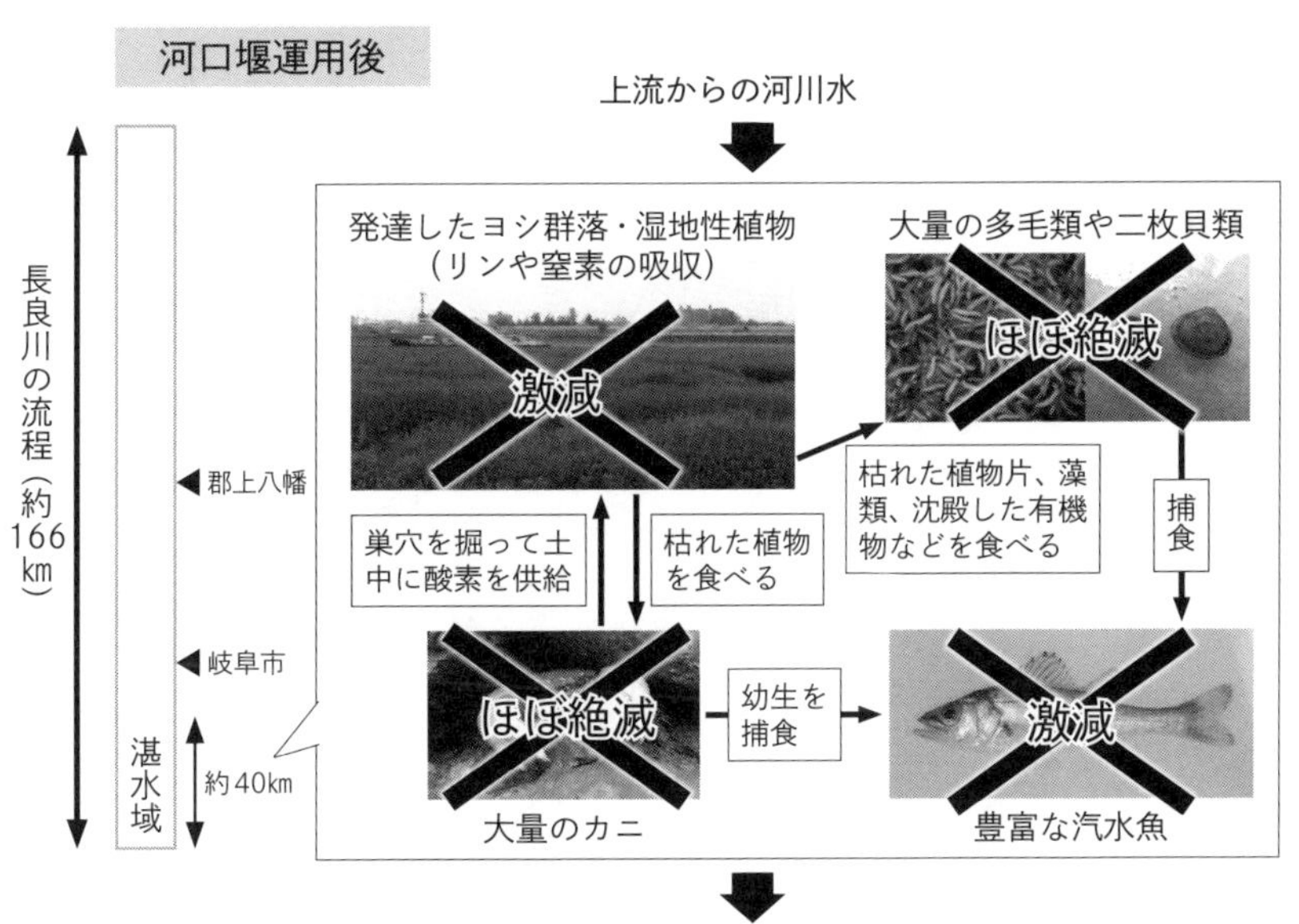

図9　河口堰運用前後の長良川下流域の生物群集の変化

の種数も減少した（図9）。そこから生じる影響は、海から川へと遡上する生物を通して上流に及んでいる可能性があるだけでなく、沿岸域の生態系にも及んでいることが考えられる。

しかし、こうした生態系の変化は再生可能である。河口堰はダムではなく「堰」であり、しかも水の流れを止めるゲートは可動式である。大雨のときはゲートを全開にしていることもあり、ゲートを開放すれば水の流れや生物の移動を妨げる構造ではなくなる。破壊や撤去をしなくとも、その運用方法によって影響を緩和することが可能なのである。

下流域において最も顕著な変化の一つであるヨシ群落衰退の原因は、水位変動の減少に起因している。河口堰のゲート操作によって水位変動を生じさせれば、ヨシ群落は再生すると考えられる。ある程度の海水の遡上も許容できるならば、汽水魚や通し回遊魚の仔稚魚、カニ類、ゴカイ類、二枚貝類といった底生動物の幼生が遡上するため、生物相の回復も見込めるだろう。極端にいえば、ゲート操作のボタン一つで生態系が回復するのである。

もちろん、現在の長良川が抱えている問題は河口堰だけではない。地球温暖化に伴う河川水温の上昇や、それに伴う生態系の変化も影響しているだろう。災害の大規模化への対応として行なわれている「国土強靭化事業」では、河川敷の広範囲にわたる浚渫や河畔林の大規模な伐採が行なわれているため、長良川の生物や自然環境に多大な影響を及ぼしているだろう。長良川ではほぼ壊滅したベンケイガニ類なども、せっかく生き残った揖斐川や木曽川で大規模な河畔林の伐採が行なわれることで、そちらでも危機的になりつつある。

河口堰問題を解決するだけでなく、さらに総合的に生物多様性を保全し、将来にわたって自然の恵みを享受できる社会にするべきだろう。

（注1）高崎文世・伊藤 亮・向井貴彦・古屋康則「揖斐川下流域のヨシ群落周辺干潟における魚類相」『伊豆沼・内沼研究報告』2巻、35〜50ページ、2008年

（注2）山内克典・古屋康則「長良川河口堰湛水域におけるヨシ群落の死滅の原因─全国各地のヨシ群落の観察からの考察─」『伊豆沼・内沼研究報告』14巻、33〜54ページ、2020年

（注3）二平 章「利根川および霞ケ浦におけるウナギ漁獲量の変動」『茨城県内水面水産試験場調査研究報告』40号、55〜68ページ、2006年

（注4）竹門康弘「長良川河口堰におけるモクズガニ *Eriocheir japonica* (de Haan) の溯上量分析に基づく魚道の評価」『応用生態工学』3巻2号、153〜168ページ、2000年

【コラム】

過剰な放流は魚類を減らし、自然を失わせる

向井貴彦

長良川では毎年大量のアユやアマゴ（サツキマス）が放流されている。こうした放流は長良川に限った話ではなく、日本全国で行なわれ、漁業のために必要なことと考えられている。沿岸漁業においてもマダイやヒラメなどさまざまな魚で人工的に育てた幼魚の放流が行なわれている。

しかし、魚の放流は、本当に川や海の魚を増やす効果があるのだろうか？

２０１０年に世界の水産放流事業の効果を分析した研究(注1)では、41の事例のうち対象種の野生集団が顕著に増加したのは3例しかなかったとされている。東京海洋大学の北田修一名誉教授が２０１６年に日本水産学会賞を受賞されたときの記念論文(注2)においても、さまざまな事例をもとに沿岸魚の放流が必ずしも効果的ではないことや、場合によっては野生魚を減少させてしまうこと、干潟の埋め立てなどの代償措置としての稚魚の放流は例外的なものを除いて成功していないことを述べている。

さらに、２０２３年には『PNAS』や『Science』といった国際的なトップジャーナルに、魚の放流の問題点を示す論文が相次いで公表された。(注3)『PNAS』誌の論文は、水産学者を含む日本人研究者によるものでもあったため、新聞やテレビのニュースで大きく扱われた。その内容は、環境収容力を超える個体数を河川に放流することで、その河川の生物群集（≒生態系）が不安定になり、放流した種も、それ以外の在来種も、悪影響を受けて減少する、というものである。環境収容力とは、ある種の生物がその場所に、どのくらいの個体数が生息できるのかというものであり、餌の量や生息する空間の広さなどで決まる。

図1　長良川で捕獲されたサツキマス。世界淡水魚園水族館アクア・トトぎふでは、長良川の漁師の大橋兄弟が捕獲したものが毎年展示されていた（2014年5月6日、向井貴彦撮影）

当該論文は、理論的なシミュレーションの結果と、北海道でヤマメ（サクラマス）を放流している河川の現状がおおよそ一致することを示していた。放流する種によって影響の現われ方は異なると考えられるが、基本的に生物群集は放流によって不安定化する（あえて言い換えれば「生態系に悪影響がある」）と予測された。

長良川に話を戻してみよう。長良川ではアマゴが多数放流されている。北海道のヤマメと長良川のアマゴは同種の別亜種であり、生態的に類似しているので、放流の影響は当然考えられる。しかし、もともと河川や湖沼といった限られた空間では、魚の個体数に限界があるため、漁業の対象として利用すると、あっという間に資源が枯渇してしまう。そのため、漁業法によって河川や湖沼の漁業協同組合には増殖義務が課せられている（琵琶湖だけは例外）。増殖義務とは、漁業資源が減少してきた際に、回復もしくは増大させるための努力であり、禁漁区や禁漁期間の設定とともに、放流や産卵場の造成などによって行なうものとされている。釣りや漁業によって個体数が大きく減少する環境では、それを補う分の放流は、必ずしも悪影響とはならないだろう。

ただし、あくまで補う分においては、である。釣り人を呼び込むために大量に放流することや、開発行為の補償として、その河川における資源量（個体数）も考えずに、ただただ大量に放流していたのでは、アマゴにも他の生物たちにも悪影響となるだろう。

長良川のサツキマスは、アマゴの一部が秋になって海に下ったものである。海に下るアマゴは全身が銀色に変化し、銀毛アマゴやシラメと呼ばれる。海に下ったシラメは冬を伊勢湾で過ごして大きく成長し、春になるとサツキマスとして川を遡上する（図1）。アマゴが海に下るには、ある程度以上成長する必要があるため、上流のアマゴの生息地に過剰にアマゴを放流すると、成長が阻害されてサツキマスになる個体が減少することが考えられる。

アユについても、増殖義務があるために、ある程度の放流は必要である。もともと海からの遡上量の年変動が激しいので、多めに放流しても年変動の範囲内になっている可能性がある。しかし、あまりに大量に放流すると、アユ自体の成長や、他の生物への悪影響が生じるだろう。洪水対策で河床を浚渫して一様な環境にした場合、さまざまな魚類の生息場となる深い淵や大小さまざまな岩のある複雑な環境がないため、環境収容力を超える過剰な放流になりやすいことも考えられる。したがって、河口堰を建設したことによる漁業補償としてアユやアマゴの放流が過大に行なわれているとしたら、それは漁業補償としての効果がないだけでなく、自然環境のさらなる破壊行為となっている可能性があるだろう。

絶滅危惧種の保全についても、生息地が破壊される場合に、その場所に生息していた個体を、他の良好な生息地（同じ種がすでに生息している場所）に放流することがある。しかし、それは環境保全として何の意味もない。良好な生息地においては、すでにその種の環境収容力に応じた個体数が生息しているからである。漁獲による減少を補うための増殖義務とはまったく違うため、生物の放流を開発行為の免罪符にさせてはいけない。

放流には、ほかにも問題がある。他地域の魚を放流することで、その川の在来の個体と交雑した子孫が増えていくと、もともとその川にいた在来の魚とは姿や性質が違うものに変化していく。こうした問題は遺伝的撹乱と呼ばれている。漁業対象種の放流だけでなく、環境教育と称したメダカやホタル、カワニナの放流でも同じことが起きている。本来あった自然が失われるという意味では、遺伝的撹乱は明らかに環境破壊である。

さらに、漁業対象種の放流に混入することで、さまざまな淡水魚が本来生息しなかった地域に拡散している。多くは琵琶湖産アユの放流に混じった琵琶湖産淡水魚だが、渓流魚の種苗に混入したと考えられる魚種や、コイやフナに混入したと考

図2　ギギ。琵琶湖産のアユなどの放流に混入して長良川に侵入したと考えられる。今の長良川中流域で夜釣りをすると、ウナギやナマズではなくこの魚ばかりが釣れる（向井貴彦撮影）

えられる魚種もある。岐阜県では、ハス、ギギ（図2）、オオガタスジシマドジョウ、ビワヨシノボリなどの魚種は琵琶湖産アユに混入した外来魚だと考えられる。放流に混入した魚による遺伝的撹乱も生じる。私の研究室でこれまでに岐阜県産の純淡水魚33種のミトコンドリアDNAを調査したところ、その過半数である19種で他地域産の移入を確認している。

魚の放流には、魚病も混入する。全国のアユに被害をもたらしている冷水病やエドワジエラ・イクタルリ感染症は海外から輸入した魚とともに侵入したと考えられている。約20年前に全国でコイの大量死を引き起こしたコイヘルペスウイルスも海外産のコイとともに侵入したと考えられている。こうしたさまざまな問題を生じさせるため、魚類の放流は、どうしても必要な部分でのみ、限定的に行なうべきである。

（注1）Araki, H., and C Schmid (2010). Is hatchery stocking a help or harm?: Evidence, limitations and future directions in ecological and genetic surveys. Aquaculture, 308: S2-S11

（注2）北田修一「種苗放流の効果と野生集団への影響」『日本水産学会誌』82巻3号、241〜250ページ、2016年

（注3）Terui, A., H. Urabe, M. Senzaki, and B. Nishizawa (2023). Intentional release of native species undermines ecological stability. Proceedings of the National Academy of Sciences, 120(7), e2218044120. および Radinger, J., S. Matern, T. Klefoth, C. Wolter, F. Feldhege, C. T. Monk, and R. Arlinghaus (2023). Ecosystem-based management outperforms species-focused stocking for enhancing fish populations. Science, 379(6635), 946-951.

温暖化が長良川にもたらしたもの

原田守啓（はらだもりひろ）

1．温暖化による豪雨の増加

近年、豪雨災害が全国各地で毎年のように発生している。日本はもともと降水量が多い国で、急峻な地形とあいまって歴史上数多くの風水害を経験し、それを克服すべく治水事業が行なわれてきた。それにもかかわらず、近年相次ぐ記録的豪雨は、河川の氾濫による水害被害を増加させている。例として、２０１６年８月の北海道豪雨では道東地方に１週間の間に３連続で台風が上陸し、甚大な被害をもたらした。２０１８年７月に発生した西日本豪雨では、瀬戸内地方を中心に死者２２０名以上を出す平成最悪の水害となった。２０１９年10月の東日本台風では、関東・東北の広範囲で長時間降り続いた豪雨により１４０か所もの堤防が決壊した。これらの豪雨災害に一つの傾向があるとすれば、もともと降水量が多くない地域で過去に経験したことのないような豪雨が発生していることである。

日本の陸地の平均年降水量は１７００～１８００㎜で、世界的に見ると、もともと降水量が多い国であるが、国内でも年降水量には３倍程度の差がある。日本にもたらされる雨や雪の起源は、日本をとりまく海から蒸発した水蒸気である。海上を漂う水蒸気が、季節風などによって運ばれ、雲となって陸地に雨や雪をもたらす。したがって、国内でも海に面した山地では降水量が多く、とりわけ南太平洋から流れてくる温かい黒潮に面した西日本、日本海に流入する対馬暖流の影響を受ける北陸などは降水量が多い。その反対に、山に囲まれた瀬戸内地方や、冷たい親潮が流れる関東以北の太平洋側は降水量が少ない傾向がある。

本来、降水量が少ないはずの地域における豪雨の増加には、温暖化が作用していることが明らかになってきている。豪雨の発生メカニズムは単純ではないが、日本においては「海の温暖化」が降水量増加の背景的要因となっている。温暖化に伴って熱を蓄えているのは、大気だけではない。むしろ、海に大量の熱エネルギーが蓄えられてきており、日本周辺の海水面温度は100年当たり1・24℃のペースで温まってきた。水を1℃温めるのに必要なエネルギーは同体積の空気を1℃温めるのに必要なエネルギーの約4000倍であり、すでに大気よりもはるかに大きい熱エネルギーが海に蓄えられてしまっている。海の温暖化に伴い、日本近海を漂う水蒸気が増加していることが日本において豪雨が増加する第一の要因となっている。加えて、空気は温まるほど、より多くの水蒸気を運ぶことができるようになる。水蒸気量の増加は、梅雨前線や台風を強化する方向に作用しており、過去には大量の水蒸気が流れ込んでくることのなかった地域においても前線の活動や台風による豪雨災害が発生するリスクが高まっている。

2．洪水はどれだけ増えるのか

岐阜大学で河川工学を専門としている筆者は、とくに長良川流域における洪水の規模・頻度が温暖化によって将来どの程度増加するのか、強い興味があった。伊勢湾に注ぐ木曽三川（木曽川、長良川、揖斐川）のうち、木曽川と揖斐川には上流域に大きな治水ダムがあり、100年に一度しか降らないような大雨の

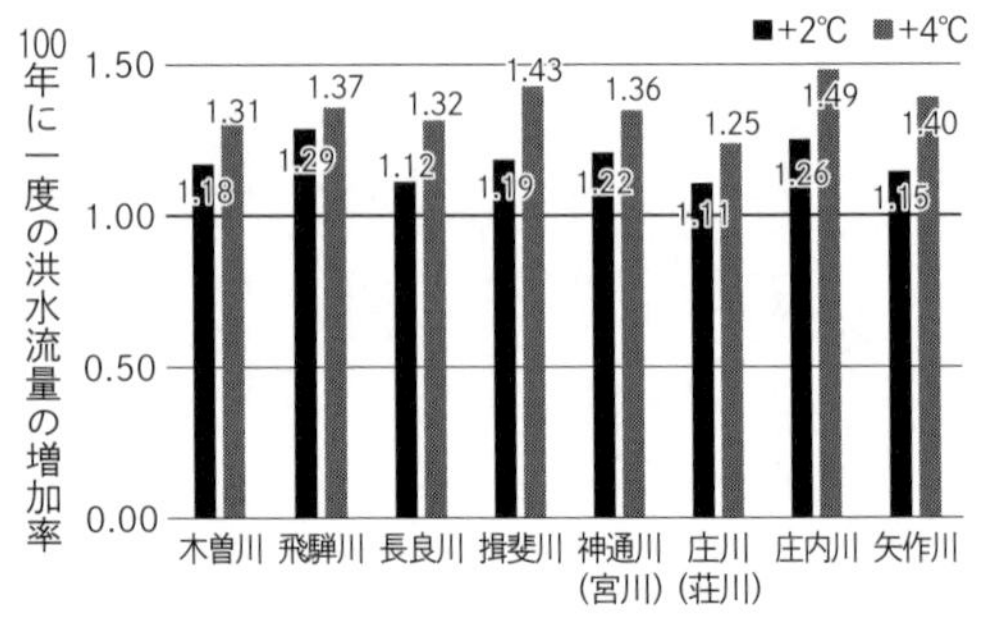

過去、100年に一度の洪水が、X年に一度起こるようになる

	木曽川	飛騨川	長良川	揖斐川	神通川(宮川)	庄川(荘川)	庄内川	矢作川
+2℃	43	33	53	50	42	62	34	42
+4℃	29	22	29	33	29	45	18	23

注）この計算では、洪水流量の増加を検討するため、ダム・遊水地等の影響を考慮していない。

図1　岐阜県主要流域における洪水の規模・頻度の評価結果

ときにも、洪水ピーク流量に対して30〜40%もの流量をカットするほどの洪水調節が可能な計画となっている。一方、長良川には、本川上流域に大きなダムはない。岐阜県が建設した、あるいは建設中の小規模なダムが支川に存在するのみである。したがって、長良川の流量は大雨や渇水によって、おおむね自然のままに変動する。温暖化による豪雨や渇水の影響も、そのまま受け止めざるを得ないのである。

温暖化が進んだ将来の豪雨と洪水がどのように変化するか、筆者ら岐阜大学の研究者グループは岐阜県と共同で文部科学省の研究プロジェクトに参加して、関係機関の研究者と共同で分析を行なった。その結果、長良川流域において100年に一度の洪水のピーク流量は過去（1951〜2010年）と比べて2030年頃には1・1倍程度に増加すること、過去の気象で100年に一度であった洪水は、将来は50年に一度程度、つまり倍の頻度で起こるようになるという分析結果が得られた。岐阜県下の他の主要流域に対しても同様の分析を行なった結果、流域ごとに多少の差はあるものの、洪水ピーク流量は1・1〜1・3倍程度に増加するとの結果（図1）が得られた。国土交通省が全国を対象に行なった分析結果も、おおむね同様の結果であった。本州では100年に一度の洪水の流量は約1・2倍、洪水の発生頻度は約2倍になるとの分析結果が示され、治水事業の目標引き上げの議論が始まっている。

近年の豪雨災害の頻発を受けて、また、温暖化によって水災害のリスクは増加するとの見通しが国からはっきりと示されたことを受けて、国土強靭化の掛け声のもと、治水安全度を向上するための河川整備が全国的に加速している。長良川においても河川内の樹木伐採、土砂の掘削が急ピッチで進められている。できるだけ洪水の水位を下げ、より多くの水を溢れさせずに流すために、街を洪水から守るために、長良川は人の手によって姿を変えつつある。これが、私たちが直面している現実である。

3. いつのまにか進んでいた「川の温暖化」

極端な大雨を増加させている大きな要因が「海の温暖化」によるものであることは、すでに述べた。その影でひっそりと進んでいたのが「川の温暖化」である。より具体的にいえば、河川の水温上昇である。筆者がそれをはっきりと認識したのは、2018年7月の西日本豪雨の後にやってきた8月の猛暑のさなかであった。

筆者の研究室では、2016年頃から環境DNA分析という技術を用いて長良川のアユの分布を調べ始めていた。環境DNA分析とは、水や空気を採取して、非常に目の細かい濾紙で濾過した後、その中に含まれるごく微量な生物片の遺伝子情報を増幅して、環境中の生物の存在を把握することができるという技術である。河川では採水地点の上流側数百m程度の範囲にいる生物の種類や量がおおむね推定できるとされている。2018年8月、豪雨の後にやってきた猛暑の中、渇水に陥っていた長良川の水温は、岐阜市内で日中、30℃近くに達しており、温水プールのようであった。岐阜市内の長良川からはアユのＤＮＡはわずかしか検出されなかった。アユがすっかり姿を消していたのは、7月の大洪水のせいなのか。それとも水温が原因なのか。

さっそく文献を調べてみると、温暖化によって湖沼や河川の水温が上昇しつつあることが世界各地で報告されており、水温上昇は温暖化が生態系に与える大きなインパクトの一つとして捉えられていることがわかった。日本では、河川の水温を研究しているグループは少なく、アユへの影響は十分に調べられていなかった。しかし、日本のダム湖や河川に仕掛けられた水温計でも過去30年の水温上昇が捉えられていたこと、短い一生を川と海で生きるアユの生活史には水温が深く関わっていることなどから、筆者は長良川のアユにはすでに「川の温暖化」の影響が及んでいるであろうことを確信した。そして、長良川のアユに及んでいる温暖化の影響を徹底的に調べるため、岐阜大学と岐阜県水産研究所、（国研）土木研究所の研究者からなる研究プロジェクトチームを組織して研究費を申請し、幸いなことに２０２０年から3年間の活動資金を確保することができた。

4．高水温とアユの「スーパー土用隠れ」

私たちの研究グループは、長良川本川筋の漁業協同組合の協力も得ながら、長良川流域の本川・支川の至るところに５００円玉くらいの大きさの自記水温計を仕掛け、1時間ごとの水温を記録した。また、２０２０年の夏から秋と２０２１年の春から秋にかけて、長良川流域全体のアユの分布を調べるために、岐阜大学の永山滋也さんは2週間ごとに長良川流域を車で走り回り、1回当たり40地点あまりの水サンプルを丸2日かけて集め、環境ＤＮＡ分析を行なった。時折水温計のデータを回収し、洪水で流されていれ

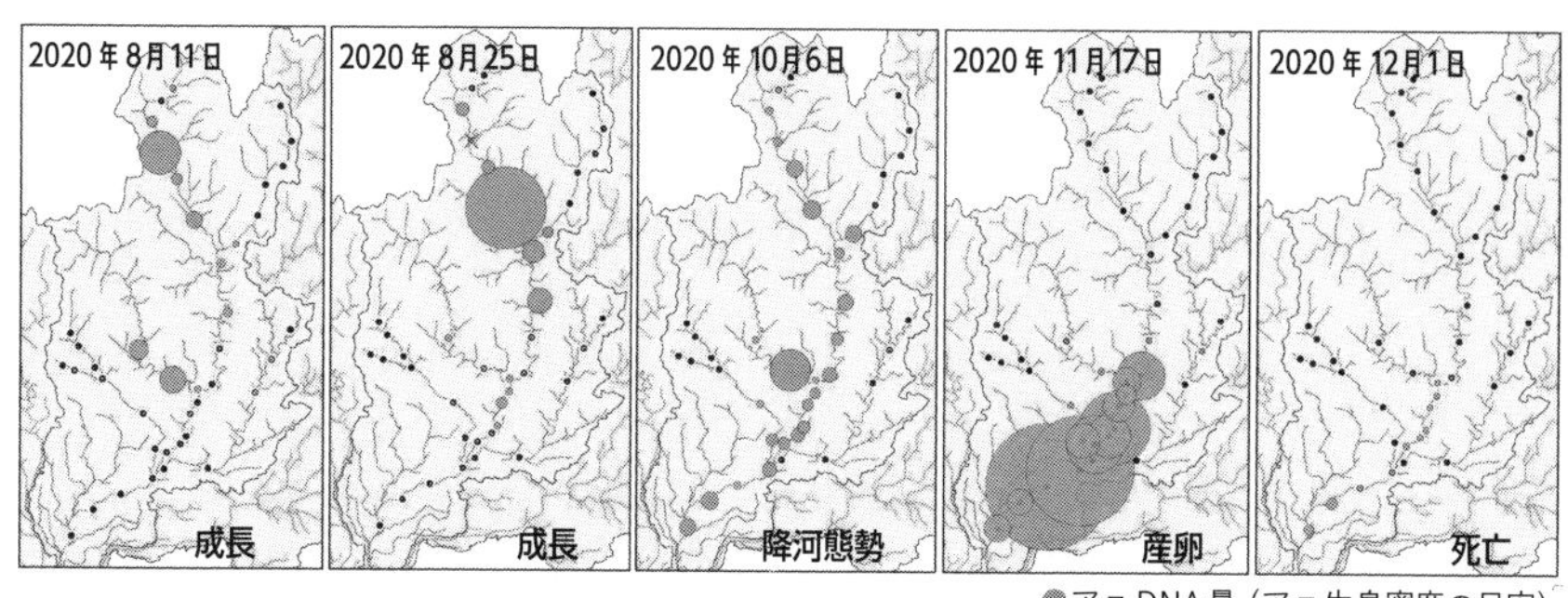

・8月11、25日→本川上流域，板取川，支川合流の下流に偏って分布
・10月6日 → 本川全体に分布（降河態勢）
・11月17日 → 本川下流に集中分布（産卵モード）
・12月1日 → 産卵を終えて死亡（越年個体は少し残る）

図2　2020年夏季から秋季にかけての長良川におけるアユ環境DNA濃度分布

ば設置しなおした。途方もない調査努力である。筆者は、気象庁の解析雨量を用いた降雨流出解析により、長良川流域内の各河川の流量変動を再現した。こうして、長良川流域全体のアユの動きを環境ＤＮＡにより把握し続けるという過去に類をみない調査結果と、アユの分布に河川の水温や流量が与えている影響を分析できるだけのデータが出揃った。

さらに、秋に産卵のために川を下るアユの動きを捉えるために、落ちアユを捕る伝統漁法である「瀬張り網漁」の毎日の漁獲量を上流から下流の7か所で、漁師さんに記録していただいた。岐阜県水産研究所の藤井亮吏さんが築いてきた漁協や漁師さんとの信頼関係があってこその、これもまた過去に類をみない調査であった。これらのデータを分析することによって、長良川流域のアユの動きと、温暖化が長良川のアユにもたらしている影響が見えてきた。

まず明らかになったのは、アユという魚は季節を通じて、じつに広い範囲を動き回っていることである。図2では、２０２０年8月から12月までのアユの環境ＤＮＡ濃度を黄色い丸の大きさで示している。２０２０年7月は、約一か月にわたって断続的に大雨が降り、長良川も支川も増水が続いていたが、8月11日の調査結果では、長良川の上流域と図左側の支川板取川にアユが集まっていたことがわかる。各河川で発生していた洪水との関係性を分析した結果、アユは大雨による洪水の影響が少ない区間に集まっていたことがわかった。8月25日には、アユは長良川本川全体に再び広がっているが、関市から岐阜市の区間までは下りてきていなかった。アユが姿を消した区間には、1300年の伝統を持つ長良川鵜飼、関市小瀬鵜飼が行なわれている区間も含まれている。このとき、長良川は渇水状態であり、関市から岐阜市では、長良川の日平均水温が連日26℃を超えていた。アユが良好に成長できる水温の上限は25℃とされており、数十kmの長い区間にわたって河川水温が高い状態になっていたことが、アユが見られなかった原因と考えられた。9月以降、河川水温が低下するとアユの分布は下流のほうまで広がっていった。

水温は一日の中でも数℃の幅で変動する。日の出とともに水温は上昇し、午後に最も水温が高くなり、夕方からやっと水温が下がってくる。真夏の日中、水温が上昇してアユにとっての好適な水温を上回ると、瀬にいたアユが友釣りの囮（おとり）アユを追わなくなり、淵に潜むなどして釣れなくなることを釣り人たちは「土用隠れ」と呼んでいた。しかし、夕方になれば再び釣れるようになることも知られていた。私たちが観測した現象は、釣り人たちが知っていた土用隠れとは異なり、水温が高すぎて、ある区間から丸々アユがいなくなった状態であった。私たちはこの現象を、「スーパー土用隠れ」と名付けた。

5．アユの産卵降河が1か月遅れに

10月になるとアユは成熟し、産卵場が分布する下流への降河に備えて、長良川の本川に集まっている様子が見られた。11月には、アユが下流の産卵場に向けて川を下っていく様子が捉えられた。この時期、長良川では川を横断するように白い布とロープを張って落ちアユの群れを足止めし、投網で捕る瀬張り網漁という伝統漁が行なわれている。漁師さんの協力によって得られた瀬張り網漁の漁獲量の分析結果から、

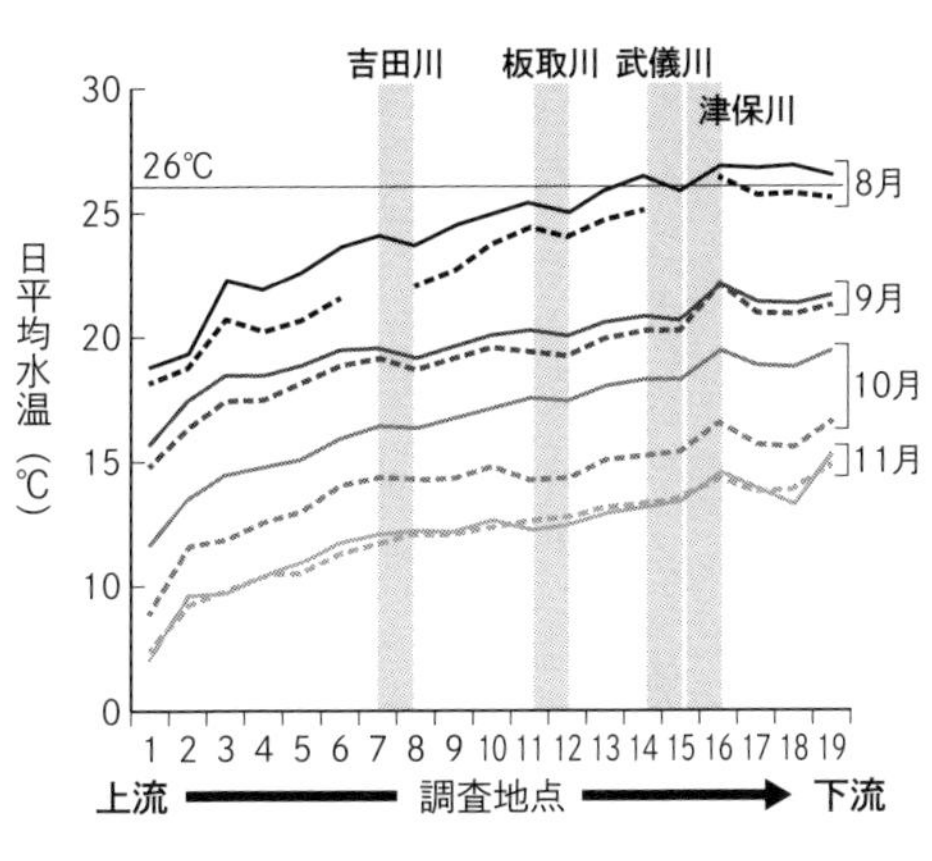

図3　長良川の本川の水温と支川の関係
支川からの豊富な冷たい水で本川が冷却されている。ただし、流域に水田の多い津保川は本川より水温が高い傾向がある

アユが川を下る動きが誘発されるためには、18℃以下まで水温の低下した状態で、増水が起こるという二つのトリガーが必要であることがわかった。アユが盛んに川を下り沢山のアユが捕れる日とあまり捕れない日があり、落ちアユの移動は断続的に動くベルトコンベヤのようであった。雨が降り、川が増水すると、漁師さんは豊漁を期待して漁場に向かう。しかし、アユがあまり下ってこない日もある。こんな日は「アユにだまされた」という。分析の結果明らかになったのは、近年、秋になっても温かい日が続き、水温が十分下がらないために、アユの降河が起こりづらくなっている長良川の姿であった。過去数十年の間に、じつに約1か月、アユの産卵降河が遅くなっていた。

6．清流長良川を支えている仕組み

私たちの調査分析結果は、真夏の渇水時に岐阜市から関市の広い区間で発生するスーパー土用隠れ、秋の産卵降河の遅れなど、長良川のアユに及んでいる温暖化の実態を明らかにした。同時に、清流長良川が支えられている仕組みも垣間見ることができた。一つ目に、長良川本川と支川を、アユが自由に移動できていることである。アユという種は、じつに移動能力が高い魚で、長良川流域全体をダイナミックに動きまわっている。生き物が自由に移動できる状態を保つ・改善することは、洪水・渇水が激しくなり、水温が上昇しつつある温暖化の影響に対する適応策としても機能するだろう。二つ目に、自然度の高い大きな支川が長良川の水量を保ち、とくに夏場は本川の水温を冷却していたことである（図3）。長良川には、吉田川、那比川、板取川、武儀川といった大きな支流が何本も流れ込んできている。夏場、これらの支川の水温は本川よりも低く、本川の水温を冷却する作用を発揮していた。これらの支川の流域はほとんどが森林である。長良川流域の森林と水量・水温の関係に着目し、健全な水循環を保っていく取り組みがこれからますます重要になるだろう。

7．ダムがないゆえに川をいじらざるをえないという矛盾

筆者らの研究によって、長良川に及びつつある温暖化の影響がしだいに明らかになってきた。温暖化は極端な気象現象を増加させ、洪水が増える方向にある。河川環境にも温暖化の影響が及びつつあることは示したとおりである。しかし、長良川の環境について語るとき、避けては通れないのが長良川河口堰と、河川改修の影響である。筆者が岐阜にやってきたのは岐阜大学工学部土木工学科（現・社会基盤工学科）に入学した１９９５年のことで、河口堰ができる前の長良川のことは知らない。しかし、それから後の長良川がどのように変化してきたのかについては、就職して東京に出ていた数年間を除いて、ずっと知っている。岐阜大学で河川工学を学び、建設コンサルタント技術者として長良川の改修に関わり、川の研究者となった現在まで、長良川の治水と河川環境保全をなんとか両立できないものかと考え続けてきた。その間、長良川の河川環境は、悪くなることはあっても良くなったと思えたことは、残念ながら一度もなかった。当事者の一人として忸怩たる思いがある。

長良川の現在の河川整備計画において、重要な出来事であったのは、長良川中上流域に大きな浸水被害をもたらした平成16年（２００４年）台風23号豪雨災害である。平成16年災害では、岐阜市忠節で観測史上最大のピーク流量が記録され、岐阜市街地を流れる区間の一部で堤防が安全に洪水を流すことができる水位（計画高水位（けいかくこうすいい））を超えた。岐阜市内の堤防の足元からは漏水も発生し、水防団は夜間の必死の水防活動で堤防を守った。このとき、上流の郡上市、関市、美濃市、岐阜市北部の区間では、川沿いの低い土地で至るところに長良川が氾濫し、数百戸の床上浸水、千戸を超える床下浸水が発生していた。岐阜市の市街地に到達する洪水のピーク流量は、上流で発生した氾濫によって減少し、岐阜市街地区間での壊滅的な被害をぎりぎり免れたという側面もあったのである。

観測史上最大の洪水の発生を受けて、岐阜県は5か年にわたる床上浸水対策特別緊急事業を行ない、川幅が狭い区間の拡幅や、砂州（さす）の掘削を行なった。国が管理する岐阜市市街地より下流の区間でも、緊急的な掘削工事が行なわれた。この平成16年豪雨災害を受けて、国土交通省が管理する区間の河川整備の目標は引き上げられることとなり、現在もその目標を達成するための工事として、河道内の樹木伐採や河道掘削が続けられている。

なぜ長良川はここまで川の中をいじらなければならないのだろうか。第一に、本川上流に大きなダムをつくる場所がなかった長良川は、ダムによる洪水調節に頼ることができない。堤防と堤防に挟まれた河道内で洪水を安全に流すために、樹木を伐採し、川の断面積を増やすために砂州を掘削する工事を整備計画の中心に据えざるを得ない。本川上流にダムがないことが長良川の河川環境の特徴の一つであるが、ダムがないゆえに、河道を徹底的にいじめなくてはならなくなっているのは悲劇としか言いようがない。平成16年豪雨災害で発生した流量を流すためには、河道の整備だけでは足らず、山あいの谷底平野部に遊水地を整備する計画も進められている。第二に、岐阜市内を流れる長良川の幅が非常に狭いことが挙げられる。昭和初期までの長良川は、岐阜市内で古川、古々川と三叉に分派していた。昭和初期の改修では、古川と古々川を締め切って、現在よりもずっと狭かった長良川の右岸の堤防を数十mセットバックして拡幅し、一本の川にまとめるという大改修が行なわれた。長良川右岸の拡幅に伴っていくつかの村が移転することとなったが、そうしてまで確保された現在の長良川の川幅は、木曽川や揖斐川と比べてずっと窮屈なままである。人口40万都市のど真ん中に清流が流れ、1300年続く長良川鵜飼が行なわれ、日常風景の一部として多くの市民に愛される長良川は、街中を流れるがゆえに川幅を拡げることができず、川を水路のように平坦にしていくことでしか治水安全度を高められないという、大いなる矛盾を抱えている。

8．川がもたらす恵みと災いのコミュニケーションを

長良川に限らず、川の地形が石や砂利によって形づくられている河川上中流域では、川の中の土砂が動いて形成される砂州という地形が河川環境の骨格をつくっている。砂州を乗り越える水の流れは浅く速く、大きな石が見られ、白波の立つ早瀬(はやせ)となる。早瀬の下流には、水深が深く、流れが穏やかな淵がある。このような瀬と淵が川の中に棲む生物にとって価値の高い生息場所となっている。アユは、石の表面に付く付着藻類を食べて育つために、主に瀬の大きな石の周りに縄張りを形成する。別の魚が近づけば、縄張りを守るために体当たりしたりして追い払う。その習性を利用したのがアユの友釣りである。

しかし、瀬だけではアユの友釣りの好漁場とはならない。瀬の下流に大きな淵があり、淵にも沢山のアユがいて、縄張りアユの予備軍が控えているような状況でなければ好漁場とはならないことが知られている。アユばかりでなく、早瀬と淵は生き物の種類も数も多いことが知られている。また、砂州を乗り越え

る水の流れは、砂州の中にも伏流しており、早瀬の下を流れる伏流水が淵の底に湧いている。夏場の日中は、瀬の水温は上昇するが淵の水温はこの作用によって比較的安定している。釣り人が知っているアユの土用隠れは、瀬と淵が持つ水温の安定化作用によって起こっていたのである。河道掘削によって砂州を削っていくと、川はしだいに平坦になり、淵は失われ、川全体がのっぺりとした平瀬へと姿を変えていく。地形が平坦になった河川では、水温の安定化作用が失われ、水温上昇もより厳しくなっていく。平坦な川では、洪水時の流速も全体的に大きくなる。洪水時の生き物の避難場所として機能していた樹木も伐採によって失われており、川の中に逃げ場はない。

ダムがないがゆえに洪水調節ができず、狭い川幅でより多くの洪水を溢れさせずに流すために、長良川では近年、河道内の樹木の伐採、砂州の掘削が急ピッチで進められてきた。洪水を流すことだけを考えれば、川は平坦な水路のような姿をしているほうが洪水を速やかに流すことができる。市街地を流れる区間で長良川が溢れ、堤防が決壊するようなことがあれば、市民の日常は失われ、大きな被害を受けることになるだろう。しかし、１００年に一度の洪水に備えるために、残りの日々を残念な姿になった川を見て暮らすことが地域住民にとって幸福といえるのだろうか。長良川の河川環境について語るとき、避けて通ることができない長良川河口堰の治水・利水・環境を巡る議論も、運用開始から30年が経っても、市民にとってすっきりとわかりやすい総括は示されていない。今を生きる私たちに必要なことは、過去の経緯にこだわり続ける姿勢ではなく、現在の長良川に起こっていることを正しく認識し、長良川がもたらす恵みと災いのバランスを、地域の問題として受け止めることではないだろうか。災いだけを徹底的になくそうとすれば恵みも失われることを多くの市民と共有し、地域の将来像の中で長良川がどうあってほしいかを、地域の問題として議論すべきであろう。

9．流域治水という希望

最後に、長良川にとっての一つの希望を紹介したい。それは全国的に始まった「流域治水」という新たな取り組みである。これまでの治水は、降った雨はできるだけ速やかに川に排水し、川ではできるだけ多くの水を溢れないように流速を上げて流すように改修されてきた。結果的に、川が溢れる頻度は大幅に減ったが、溢れることが減った大量の水が短時間に川に集中して流れるようになり、洪水のピーク流量が大きくなる方向に流域をつくり変えてきてしまった。「流域治水」には、流域に降った雨をできるだけ地中に浸透させ、貯められるところで貯め、雨水が一気に川に集まらないようにする方向の対策が含まれている。流域の大部分が山地・森林である長良川で、流域治水がどれほどの効果を発揮できるのか、どのような取り組みが効果的なのか、筆者らは関係者と協力して検討を進めている。

しかし、実際にこれを実行に移すためには、社会を構成するさまざまな主体の協働と、流域の市民の協力が必要となる。たとえば、自分の家に降った雨水を貯めて使うことも、流域治水につながっている。長良川を流れる水は、長良川流域に降った雨水である。雨水を通じて、そしてまた長良川の恵みと災いを分かち合うものとして、流域に暮らす市民は一つの運命共同体としてつながっている。流域に暮らす市民が運命共同体としての意識を共有できるようになっていくことで、長良川の治水と環境を巡るさまざまな問題に対しても地域として望ましい答えを見出すことができるのではないかと希望を抱いている。

III

ふたたび、いのち幸ふ川へ

——河口堰という試金石

長良川に「健全な水循環」を取り戻す

蔵治光一郎

1．私と長良川――旅の記憶、思わぬ経験

私が長良川流域に初めて足を踏み入れたのは40年前、１９８2年2月2日だった。当時、東京に住む高校生だった私は、北陸旅行の帰りに富山駅から高山本線に乗った。猪谷駅から杉原駅に至る間の神通川のあまりの急な流れに驚嘆したことを覚えている。そのまま高山を経て美濃太田に至り、越美南線（当時は国鉄、現在は長良川鉄道）に乗り換えて長良川上流に向かった。終点の北濃駅（図１）まで、ほぼ線路に平行して流れている川は、最後まで急勾配にならず、川幅が広いままゆったりと流れ、谷底平野も広々としていて、豊かな土地であるように見えた。後で知ったことだが、長良川の川床勾配は河口から約１１０㎞の郡上八幡でも２００分の1程度であり、北陸の急流河川と比べればはるかに勾配の緩い河川である。谷底平野が広く勾配が緩い河川にダムを造ると、巨大なダムとなり、広大な面積の土地が水没してしまうため、長良川上流に多目的ダムを造ることは難しかった。

このときは、まさか将来、水道水が長良川河口堰からの導水で供給される知多半島に住むことになるとは、夢にも思っていなかった。愛知県に住むようになってから、１９９4年渇水のときの19時間断水の経

験談を聞く機会が増えた。水道水が出るのは1日5時間だったが、水道管にも上流と下流があり、上流で水を取られてしまうと下流では出が悪くなったという話や、通水する時間になっても圧力が低くて高台に住んでいる人には水が届かなかったという話、割り振られた5時間がちょうど仕事時間にあたってしまった人は、友人に頼んで自宅の浴槽に水をためてもらったという話も聞いた。また1998年に水道水が木曽川の水から長良川河口堰の水に切り替えられた際に、おいしくない、臭いという人、浄水器を取り付ける人が続出したこと、そのような声は徐々に消えていったことも聞いた。この地域は少雨であることに加え、大きな川がなく、ため池が多数あった慢性的な水不足地域で、雨乞いの行事が盛んに行なわれていたことも教えていただいた。知多半島では水道水が長良川河口堰からの水に切り替えられたことにより、渇水リスクが低下したはずだが、木曽川から引いた愛知用水のおかげで今の繁栄があるという話はよく聞いたものの、長良川から水を引いてくれたことに感謝しているという話は、残念ながら一度も聞いたことがない。

図1　長良川鉄道の終点、北濃駅（2023年4月17日、蔵治光一郎撮影）

2．「健全な水循環」と長良川の過去・現在・未来

長良川を巡る議論はこれまで「治水、利水、河川環境」に区分されてきた。これは河川法の目的に沿った区分けであり、本書もこの区分けを採用している。しかし近年はこの区分けに含まれない流域、海域、地下水などを含めた「水循環」を議論する機運が高まっている。たと

えば1999年に関係省庁連絡会議が「中間取りまとめ」で「健全な水循環系」という概念を打ち出した。2007年に水制度改革推進市民フォーラムが国会に建議書を出し、2010年に水制度改革議員連盟が発足した。2014年には「健全な水循環の維持または回復」という目標の共有を目的とした「水循環基本法」(以下、基本法)が議員立法で成立した。基本法の前文には議員立法に尽力したすべての方の魂が込められている。

水は生命の源であり、絶えず地球上を循環し、大気、土壌等の他の環境の自然的構成要素と相互に作用しながら、人を含む多様な生態系に多大な恩恵を与え続けてきた。また、水は循環する過程において、人の生活に潤いを与え、産業や文化の発展に重要な役割を果たしてきた。

特に、我が国は、国土の多くが森林で覆われていること等により水循環の恩恵を大いに享受し、長い歴史を経て、豊かな社会と独自の文化をつくり上げることができた。

しかるに、近年、都市部への人口の集中、産業構造の変化、地球温暖化に伴う気候変動等の様々な要因が水循環に変化を生じさせ、それに伴い、渇水、洪水、水質汚濁、生態系への影響等様々な問題が顕著となってきている。

このような現状に鑑み、水が人類共通の財産であることを再認識し、水が健全に循環し、そのもたらす恵沢を将来にわたり享受できるよう、健全な水循環を維持し、又は回復するための施策を包括的に推進していくことが不可欠である。

ここに、水循環に関する施策について、その基本理念を明らかにするとともに、これを総合的かつ一体的に推進するため、この法律を制定する。

基本法では健全な水循環系の「系」が取れた「健全な水循環」という言葉が使われ、「人の活動及び環境保全に果たす水の機能が適切に保たれた状態での水循環」と定義された。河川は水循環の一部と位置づけられた。流域における雨水浸透能力、あるいは水源涵養能力を有する森林、河川その他で必要な施策を講ずること、流域の総合的かつ一体的な管理を行なうために連携、協力すること、住民の意見が反映されるように必要な措置を講ずることが基本法で明文化されたことは大きな転換であった。

3．淡水域、汽水域、海域の川の生物圏を保全する法的な義務

長良川河口堰を巡る議論では、川は誰のものか、という議論があったが、その一方で水は誰のものか、という議論も続けられてきた。河川法は「河川は公共用物」「河川の流水は、私権の目的となることができない」と定めているが、地下水は法的には土地所有権に付随していると解釈されてきた。基本法では、公水・私水という言葉は避けつつも、「水は国民共有の貴重な財産で公共性が高いもの」とし、「水の利用に当たっては、水循環に及ぼす影響が回避され又は最小となり、健全な水循環が維持されるよう配慮されなければならない」と規定した。

長良川河口堰を運用している国土交通省中部地方整備局・水資源機構中部支社は、河口堰のさらなる弾力的運用を２０１１年から進めているが、この運用は堰の上流に塩水を一滴も入れず、完全な淡水の状態を保つことを前提とした運用である。この運用が、淡水域、汽水域、海域の生物圏の「水循環に及ぼす影響が回避され又は最小となり、健全な水循環（とくに汽水域や感潮域の生態系に果たす水の機能が適切に保たれた状態）が維持されるよう配慮されなければならない」という法的な義務を果たしていると言える

かが、長良川河口堰の最適運用を巡る重要な論点となってきた。

4．流域として総合的・一体的に水を管理する

長良川河口堰は、長良川の最下流に位置しており、取水して使う水は、流域全体に降った雨や雪が集まり、流れる間のすべての現象が作用した水である。基本法は「水は、水循環の過程において生じた事象がその後の過程においても影響を及ぼすものであることに鑑み、流域に係る水循環について、流域として総合的かつ一体的に管理されなければならない」と定めており、長良川の水についても、「流域として総合的かつ一体的に管理」されているか、が論点となる。

２０２２年6月21日に閣議決定された水循環基本計画には、流域の総合的かつ一体的な管理を行なうため、地方公共団体などが２０２１年12月までに61の流域水循環計画を策定したことが記載されている。しかしこれらの計画の中に長良川流域全体の計画や長良川流域の一部が含まれる計画は一つもなかった。長良川の水は「流域として総合的かつ一体的に管理」されているとは言えないし、長良川流域の一部（たとえば上流域や支流域）だけをとってみても、「流域として総合的かつ一体的に管理」しようという意識が高いとは言えない。

洪水対応に関しては近年の水害・土砂災害の頻発化・激甚化および気候変動の影響によるさらなる降水量の増大などに対応するため、国の方針が２０２０年に流域治水へシフトし、全国の水系に流域治水協議会が設置された。しかし農業者や森林所有者、地元企業、住民の意見を計画に反映させる措置などはまだ始まったばかりで、「流域として総合的かつ一体的な治水対策」までの道のりは遠い。

渇水対応については、これまで少雨化傾向にある、変動の幅が拡大している、と言われてきたが、

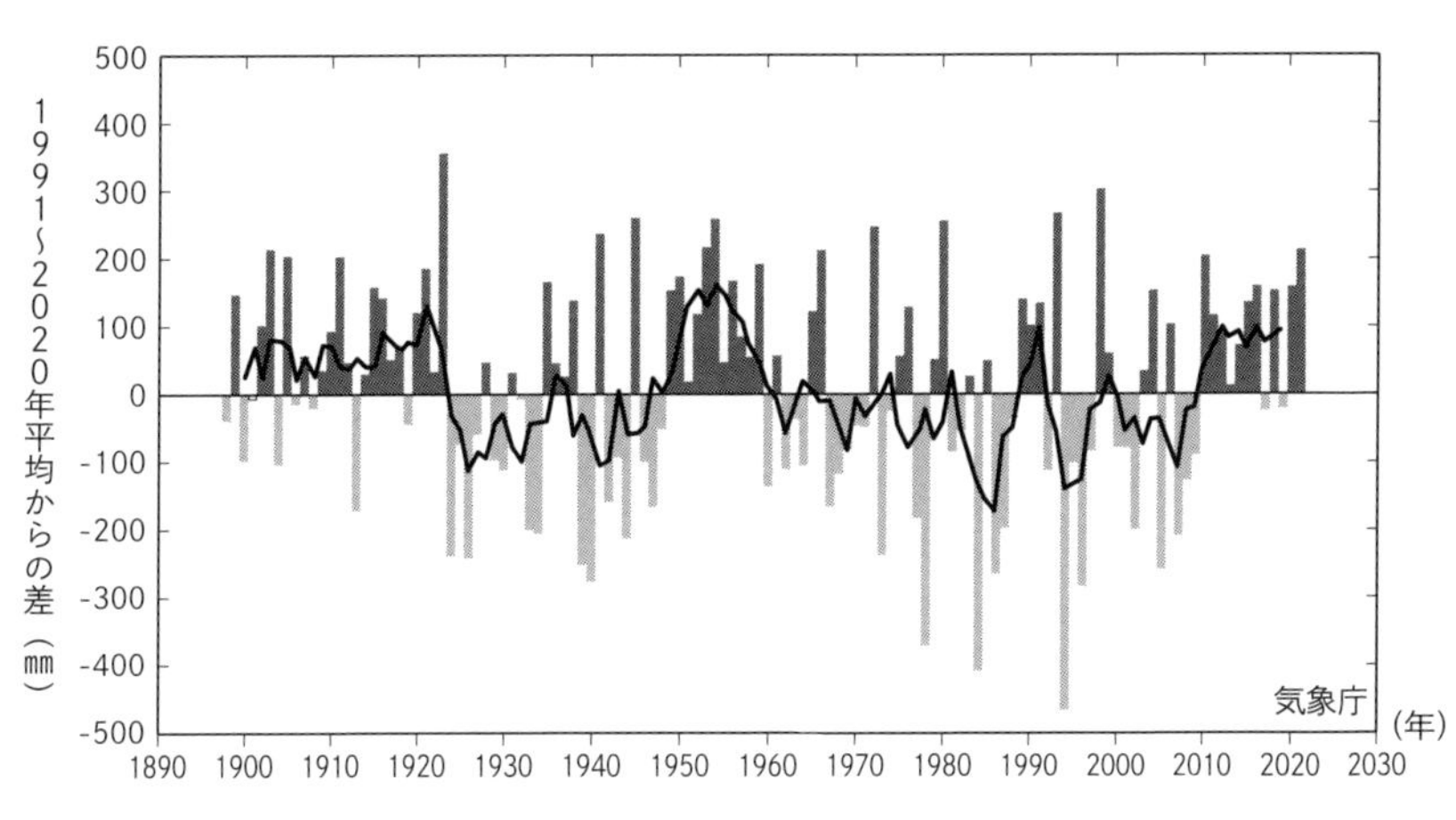

図２　わが国の年降水量偏差の経年変化（令和４年版水循環白書、53ページ）

２０１０年以降、年降水量が多い年が続いた結果、２０２２年度の水循環白書には「我が国の年降水量には、統計的に有意な長期的な増加傾向や減少傾向と言えるものまでは見られないが、１９７０年代から２０００年代までは年ごとの変動が比較的大きかった」と記載された（図２）。少雨による渇水が原因となって起こる水不足に代わり、２０２２年に起きた矢作川明治用水頭首工の漏水事故のように、老朽化や災害によって送水システムの損傷や停電により水供給が停止するリスクが大きくなってきている。

閉鎖性湾域である伊勢湾では、生物圏への影響だけでなくゴミや流木の問題も深刻である。伊勢湾口に位置する三重県鳥羽市の答志島には流域に大雨が降るたびに大量のプラスチックゴミや流木が押し寄せる。かつて流木は河川沿岸域に暮らす人々にとって貴重なエネルギー資源であったが、燃料としての価値がなくなって誰も拾わなくなり、海に流れ出るようになった。河川敷では洪水調節の結果、流路が固定化して樹木が繁茂するようになり、上流域の森林の多くは管理されずに放置されてきた。その結果、大雨のたびに山や河川敷の樹木が倒れ、根こそぎ川へ流出するようになった。

5. 川の「作用」と「機能」——求められる汽水域の復活と生き物の自由な往来

私は、これまでの著書の中で、作用（メカニズム、機構）とは自然の営みで、人間の都合には関係のないものであり、機能（サービス、恵み）とは、作用のうち、人間にとって都合がよいものであると定義し、両者を使い分けることで、自然界の作用がすべて人間にとって都合がよいものであるかのような考え方から脱却することを提唱してきた。

基本法では、水循環は自然の営み（作用）であり、健全な水循環は（環境保全を含め）人間の都合（機能）であると定義している。「人の活動及び環境保全に果たす水の機能が適切に保たれた状態」とは、多面的な人間の都合の相乗効果（シナジー）や相反効果（トレード・オフ）のバランスが図られた状態を意味している。

基本法の「健全な水循環」と長良川河口堰の作用を照らし合わせると、「人の活動」である「利水、治水、塩害防止」に果たす水の機能と、河口堰が立地している長良川の「淡水域、汽水域、海域の生物圏の保全」に果たす水の機能という「2つの機能」が適切に保たれているかどうかが論点となる。しかし機能とはそもそも自然の営みである作用を前提としており、自然の営みが不可逆的に損なわれてしまえば、どの機能をとってみても、その前提が崩れてしまうことになる。

2012年に設立された生物多様性及び生態系サービスに関する政府間科学－政策プラットフォーム（IPBES）は、「機能」である生態系サービスを発展させた概念として、「自然がもたらすもの（NCP：Nature's Contributions to People）」を提唱した。生物多様性と生態系サービスに関する地球規模評価報告書（2019）に掲載されたNCPの概念図（図3）では、自然（作用）が基礎に、良質な生活が基礎の

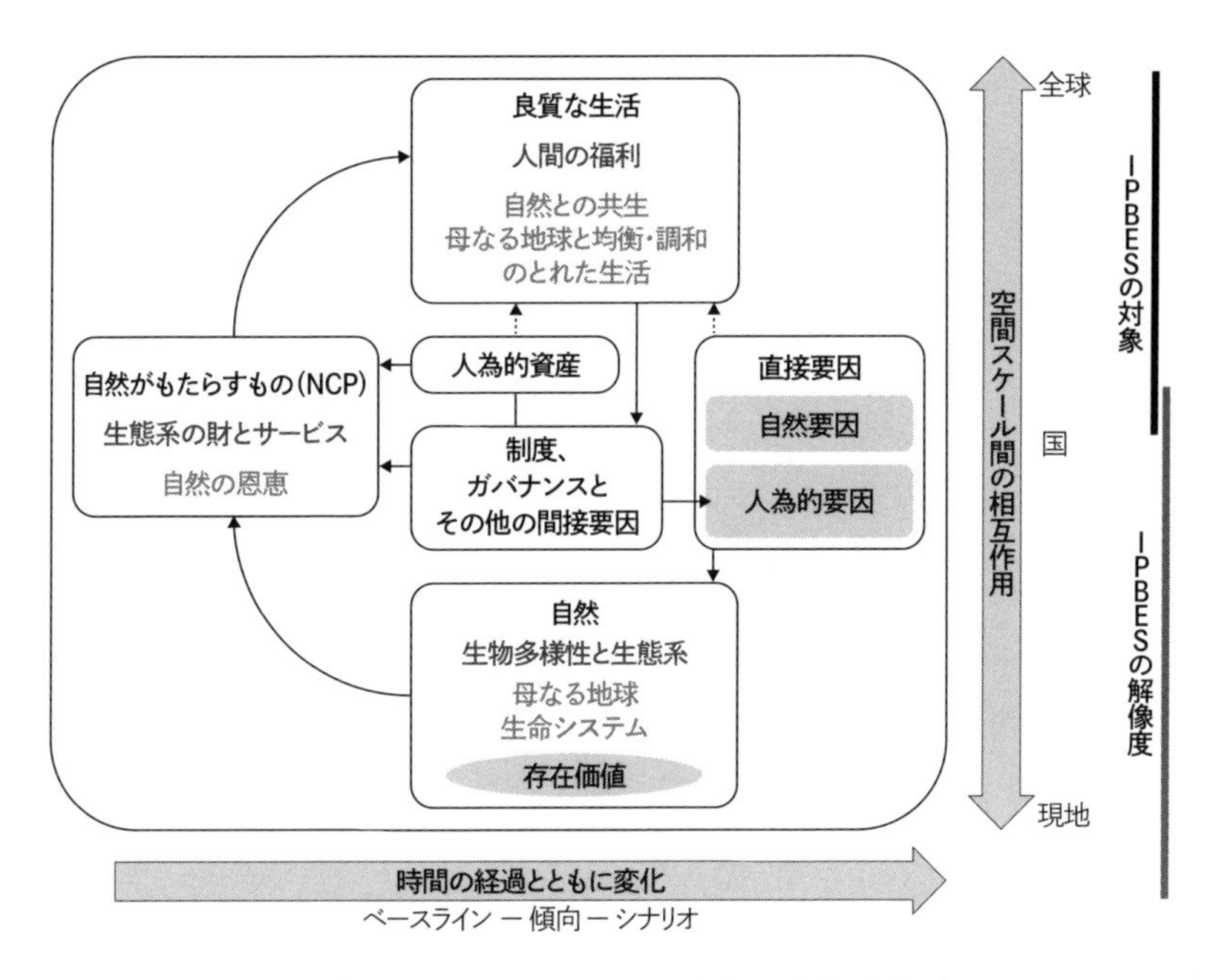

図3　生物多様性及び生態系サービスに関する政府間科学-政策プラットフォーム（IPBES）による「自然がもたらすもの（NCP）」の概念図
出典：生物多様性と生態系サービスに関する地球規模評価報告書（IPBES、2019）

上に立つものとして描かれており、自然を良質な生活につなげるものとしてＮＣＰが位置づけられている。ＩＰＢＥＳは、先住民や地域住民の知識体系を重視し、知識が特定の地理的文化的な文脈外で一般化できるか、正当かということに必ずしも固執しないアプローチを取り入れている。

6．持続可能な流域社会へ

私たちの暮らしは近代化とともに川や流域から切り離され、都市生活者にとって流域社会という意識はほぼ消滅し、水害や水不足が起きたときのみ認識されるようになった。歴史を振り返ると、流域社会の希薄化は最近起きたことではなく、近世以前でも木曽川の木材は犬山で陸揚げされ、関ヶ原を越えて大阪へ運ばれており、近世には名古屋で船積みして海運されていた。近代になると、流域の境界をまたぐトンネルや送電線が建設され、ダムができて水運や筏流しができなくなり、川の輸送路としての価値が失われていった。1960年の特別措置法による水資源開発により、利便性と引き換えに、水の恵みに感謝する意識は失われていった。

しかし、それでもなお、例外的に高い意識を保ち続けている流域もある。矢作川は一つの例である。矢作川流域では、明治用水土地改良区が、初代理事長の理念「水を使う者は自ら水をつくれ」を合言葉に、100年前から矢作川上流の水源林を所有し管理している。1969年には「矢作川沿岸水質保全対策協議会」が組織され、「流域は一つ、運命共同体」を合言葉にして活動している。2010年には中部地方整備局豊橋河川事務所が呼びかけて「矢作川流域圏懇談会」が組織され、市民主導で運営されており、2018年には「山・川・海の恵みにつながる矢作川をつくる―流域はひとつ、生命共同体」という新たな合言葉も生み出した。かつて議論があった矢作川流域下水道も、豊かな海と水質保全の両立に向け、放流水中の窒素とリンの濃度を国の規制値上限まで増加させる社会実験を実施している。1996年には矢作川の釣り人が中心となって矢作川天然アユ調査会が設立され、天然アユが豊富に釣れる矢作川の復活を目指し、1994年に設立された豊田市矢作川研究所とともにアユの生活史の調査を行なっている。長良川のすぐ近くに位置する矢作川で、このような流域社会のルネサンスとでもいうべき活動が続けられていることは、未来社会へ向けての希望のように私には感じられる。

なぜ今、河口堰の「最適運用」なのか

小島敏郎（こじまとしろう）

1．始まりは高度経済成長期の「河口ダム構想」

長良川河口堰が1995年に完成してから、30年近く経過した。若い人には、生まれたときから存在する河口堰で、「あって当たり前」の建造物である。

長良川河口堰は、高度経済成長の中で工業用水などのために大量の水、塩分を含まない水を長良川下流で確保するという「利水」目的で企画された。長良川河口堰計画の最初は、1959年の中部地方建設局企画室による「長良川逆潮用水堰計画の提案」と1960年の「長良川河口ダム構想」である。

その後、1959年から3年連続して大きな出水が相次いだこともあって、1960年代前半に、長良川河口ダム構想の目的に、長良川の氾濫や破堤による水害を防止するという「治水」目的が加わり、水害防止のために多くの水を早く海に流すために川底を浚渫することにした。そうすると、それまで川をさかのぼっていた海水がより上流まで達することになり、塩水で農業用水や水道用水に支障が出る恐れが出てくるというので、塩水遡上を防止するために河口堰が必要になる。これが、「治水」のためにも河口堰が必要だという論理である。

長良川河口堰の事業認可が下りたのは１９７３年、河口堰本体工事の着手は１９８８年、河口堰の完成は１９９５年、マウンド浚渫の完了は１９９７年で、24年かかっている。

公共事業は、「国家国民のため」という頑なな信念に基づいているので、一旦始まると、当初に必要とされていた経済社会条件が変化しても、目的を修正しながら、また、建設することが自己目的化しつつ、あきらめることもなく長い時間をかけて歴代の官僚に引き継がれて、建設に至る。

他方で、巨大建造物によって漁業や環境に大きな影響があるため、長良川河口堰の建設に対しても大きな反対運動があった。しかし、説得、補償金の支払い、工事が始まることによる「あきらめ」などにより、官僚の意思は貫かれる。

2．高度経済成長の終わりと費用の付け替え――三重県から愛知県と名古屋市へ

四日市コンビナートを抱える三重県は、高度経済成長に対応するため大量の水が必要となると考え、１９６０年の長良川河口ダム構想のときから将来にわたっての水需要の伸びを見込み、長良川河口堰に関して、工業用水として８・41㎥／秒、水道用水として２・84㎥／秒の合計11・25㎥／秒（長良川河口堰の利水の50％）の水利権を求めていた。

しかし、１９５０年代半ばから始まった高度経済成長は、１９７０年代初頭には終わりを迎えつつあり、三重県の工業用水需要は、すでに１９７１年をピークに減少に転じ、三重県は企業から当初計画どおりの工業用水使用料金によっての回収は見込めなくなっていた。

１９７３年に事業認可は下りていたが、長良川河口堰着工の直前の１９８７年に、三重県の負担を軽減するために、三重県の水を愛知県に移す作業が行なわれた。愛知県にとって必要な水が増えたのではなく、

すでに長良川河口堰の建設費用は決まっていたので、その費用負担を三重県から愛知県に移し替えなければ、長良川河口堰の建設に着手できなかったのである。

このとき、三重県の工業用水2・00㎥／秒が愛知県の工業用水に振り替えられた。三重県の岩屋ダムの工業用水の水利権2・00㎥／秒も1・9㎥／秒が愛知県に、0・1㎥／秒が名古屋市のそれぞれ水道用水に変更された。三重県は、愛知県と名古屋市に合計4・00㎥／秒を移し替え、費用負担を軽減した。

愛知県も使う当てがなく、2004年に工業用水8・39㎥／秒のうち5・46㎥／秒を水道に振り替えて料金の回収を図った。しかし、使用されていない状態のまま愛知県の水道使用者が料金を支払い、残りの工業用水2・93㎥／秒も使用先がない状態が続いている。

3．河口堰の水の利用はわずか16％——水利権と建設費

長良川河口堰は開発水利権22・5㎥／秒のうち、2004年時点で使用を前提に許可された水利権は、愛知県2・86㎥／秒、三重県0・732㎥／秒、名古屋市0・0㎥／秒、全体で3・59㎥／秒であった。

しかし、実際に使われている水を開発された水利権との割合で見ると、愛知県25・4％、三重県7・9％、名古屋市0・0％で、全体で16・0％に過ぎない。工業用水に至っては一滴も使われておらず、今後の使用の見込みもない。膨大な水余り状態である（表1）。

余っている開発水量は異常渇水時の水源であるという主張もあるが、過剰なリザーブ（予備水源）は過剰な水資源開発、県民の過剰な負担となる。「16％でも使っているから問題ない」というのも、施設の建設費用や維持管理費用の費用負担問題を無視した考えである。開発によって長良川の自然も損なわれる。果たして愛知県、三重県住民は84％ものリザーブのために、巨額の投資をしたことに納得しているのだろうか。

表1　長良川河口堰の水利権の変化と実際に使用されている水量　（㎥/秒）

	工業用水の水利権			水道用水の水利権		
	当初	1987年	2004年	当初	1987年	2004年
愛知県	6.39	8.39	2.93	2.86	2.86	8.32
三重県	8.41	6.41	6.41	2.84	2.84	2.84
名古屋市	0.00	0.00	0.00	2.00	2.00	2.00
計	14.80	14.80	9.34	7.70	7.70	13.16

	計（工業用水＋水道用水）			使用水量	
	当初	1987年	2004年	（㎥/秒）	（%）
愛知県	9.25	11.25	11.25	2.86	25.4
三重県	11.25	9.25	9.25	0.732	7.9
名古屋市	2.00	2.00	2.00	0.00	0.0
計	22.50	22.50	22.50	3.59	16.0

資料：伊藤達也（2005）『水資源開発の論理――その批判的検討』、国土交通省中部地方整備局木曽川下流工事事務所・独立行政法人水資源機構 長良川河口堰管理所（2007）「INFORMATION 長良川河口堰」

表2　長良川河口堰建設費　（100万円）

	治水	利水			建設費合計
		水道用水	工業用水	計	
愛知県	6,021	34,563	12,172	46,735	
三重県	6,021	11,799	26,629	38,428	
名古屋市		8,308		8,308	
岐阜県	6,021				
国	37,780				
計	55,844	54,670	38,801	93,471	149,315

	治水	利水負担額		
		水道用水	工業用水	計
愛知県	6,021	59,682	20,065	79,747
三重県	6,021	20,254	38,165	58,419
名古屋市		16,515		16,515
岐阜県	6,021			
国	37,780			
計	55,844	96,451	58,230	154,681

上段は建設費のみ、下段は利子（利水のみ）を含めた実負担額

資料：各自治体より、長良川河口堰検証専門委員会報告書（2011年11月21日）

長良川河口堰建設費の総額は、約1493億円。水を使う計画の三重県、愛知県と名古屋市が「利水」分を負担し、水害防止の費用は県が負担するので三重県、愛知県と岐阜県が負担する（表2）。

長良川河口堰の建設費のみの費用約1493億円は、治水分が558億4400万円で、利水分は934億7100万円、治水対利水は37％対63％である。利水のための費用負担が多く、費用面からは長良川河口堰は「利水のための工作物」であることがわかる。

治水分558億4400万円の負担は、国が68％、愛知県、岐阜県、三重県がそれぞれ11％程度である。

建設費の63％に当たる利水分の934億7100万円は、全額水を利用する地方自治体の負担で、その負担額は、愛知県が467億3500万円（50％）、三重県が384億2800万円（41％）、名古屋市が83億800万円（9％）となっている。

4．つくってしまった河口堰と賢い支出――「損切り」と「追加支出」

長良川河口堰は、「利水」の観点からは、費用対効果が悪い。長良川河口堰の水を名古屋市はまったく使っておらず、三重県・愛知県は使っているがたった16％。最初からわかっていれば、利水用の河口堰としての予算の支出はしなかったのではないか。

河口堰やダムなど、つくってしまったものは、社会経済状況の変化によって水を使わなくなっても、建設費用や維持管理費用を支払わなければならない。

長良川河口堰では建設費用はすでに支払っているが、徳山ダムでは水資源利用が必要ないにもかかわらず、今後も多額の支払いを続けなければならない。

民間企業は、失敗した事業に対して、それ以上の費用増加をしないよう「損切り」をして事業から撤退する。一方、公共事業では、「損切り」で出費を抑えるという考えはなく、多額の出費をしてしまったのだから、さらに資金をつぎ込んで何とか利用しようという方向に向かう。しかし、「木曽川導水路」をつくり、揖斐川の水を木曽川と長良川に流して河川流量を増やせば徳山ダム建設事業は無駄にならないという論理は事業失敗の責任を曖昧にするだけで、避けるべきである。

税金の使い方として、公共事業も、経済社会状況の変化に敏感に対応して途中で「引き返す」ことができる仕組みが必要である。また、立ち止まって考える場合にも、「ダメな代替手段」を列挙して「やはりこれしかない」と、「費用対効果が乏しい」にもかかわらず突っ走らないことが肝要である。

5. 迫る更新・大規模改修、その費用負担

建造物は、実際には定められた年数を超えて使用されるが、安全性を保ち、その機能を維持するために大規模改修が必要となる。

長良川河口堰も、大規模改修、更新の時期が迫っている。「河川用ゲート設備　点検・整備・更新マニュアル（案）」（平成27年3月国土交通省総合政策局公共事業企画調整課　水管理・国土保全局河川環境課）では、本来ある機能・性能の信頼性を維持するためにも適切な更新時期として、扉体構造部は設置後29年とされている。また、突然の大地震などによって長良川河口堰が壊れてしまい、現地建て替え、スクラップ&ビルドという場合も考えなければならない。

大規模修繕や更新も、国が全部負担するわけではない。よって、費用負担面から、愛知県や名古屋市、さらに三重県にとって長良川河口堰が現在役に立っているかどうか、長良川河口堰を将来的に更新するかどうか、常日頃から考えておく必要がある。

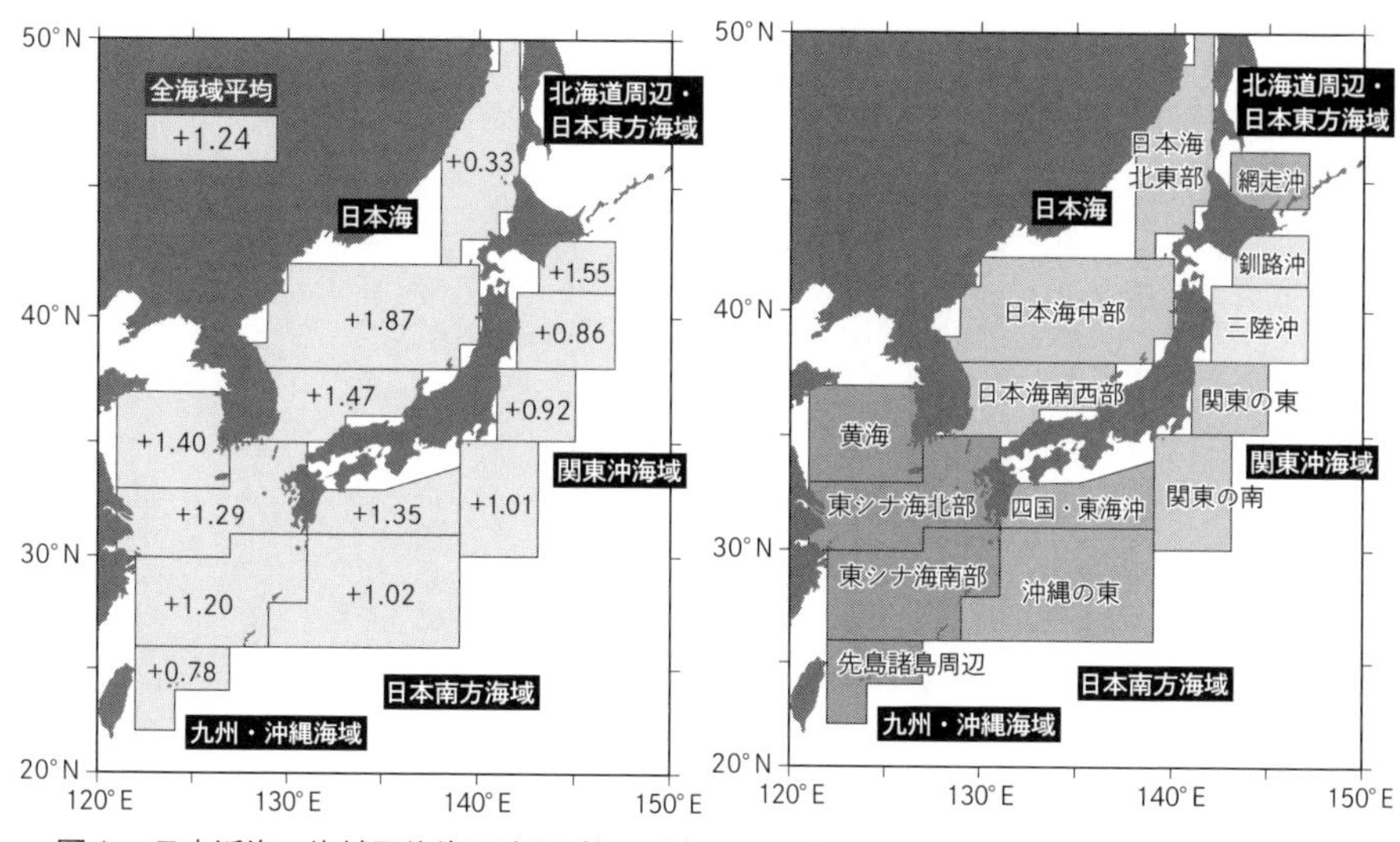

図1　日本近海の海域平均海面水温（年平均）の上昇率（℃/100年）（左）と海域区分（右）
出典：気象庁ウェブサイト「海面水温の長期変化傾向（日本近海）」

6．日本近海の水温が上昇している

地球温暖化による影響は、すでに現われ、加速している。世界気象機関（ＷＭＯ）は激甚な気象災害を報告し、日本の気象庁も「世界の異常気象速報」をホームページで公開している。

気象庁によれば、日本近海では、２０２２年までのおよそ１００年間に海域平均「海面水温」が＋１・24℃上昇した。この上昇率は、世界全体や北太平洋全体で平均した海面水温の上昇率（それぞれ＋０・６０℃／１００年、＋０・62℃／１００年）よりも大きく、１８９８〜２０２２年の日本全国の年平均「気温」の上昇率＋１・30℃と同程度である（図１）。

世界の年平均地上気温（陸域＋海上）の上昇率は地域や海域によって異なる。海上と比べて陸域での上昇率が大きく、日本周辺海域において大陸に近い海域の海面水温の上昇率が大きいのは、この影響を受けている可能性が考えられる。

日本近海の海水温上昇は、水蒸気の供給を活発化させ、日本にこれまでになかった気象災害をもたらす原因にもなる。また、以前は日本から遠い南太平洋で発生していた台風が、日本の近くで発生し、巨大化するようになっている。

7．激甚な水害と渇水に備える

今、日本は災害多発の時代を迎えている。

気候変動の影響による日本近海の海水の温度上昇などによる線状降水帯の発生、台風の大型化のほか、ゲリラ豪雨、高潮、大地震による津波など、河川上流からの大量の流水による水害だけでなく、都市でのピンポイント的水害、高潮などの海からの水害にも対応しなければならない。また、人の命を守って適切な避難を確保するには、水害だけでなく、地震との複合災害や、避難の際および避難所における感染症対策も必要である。

長良川河口堰は水害防止（治水）に役立つと説明されてきたが、激甚災害多発の時代への変化に対応して、長良川河口堰はどのように役に立つのかを考えなければならない。

他方で、気候変動の影響による渇水も、これまでの想定を超えて起こりうる。そのために過大な水資源をリザーブするための公共工事費を増加させることは、低成長の日本では愚策である。30年間の日本経済停滞によって、政府は国債を発行しなければ予算をつくれない状況が続いており、地方自治体も地方交付税の支払いが滞り、代替として発行した地方債の累積額が増加している。財政は厳しく、少子化対策や高齢者対策など、生きるための他の優先課題もある。

よって、渇水緊急時には、水道用水、農業用水、工業用水や地下水など利用可能な水資源を有効に活用して総合的に対応できる方向へと変化しなければならない。また、国土交通省だけで解決しようとするのではなく、省庁の垣根を超えて、発電用のダムや農業用水の利用者、それらを所管する省庁の協力を得て対応することが必要である。すなわち、ダムや堰をつくるハード整備ではなく、既存の水資源を有効に活用するソフトなシステム整備で渇水対策を行なうのである。

8．干満に合わせたゲート操作でＳＤＧｓに対応した生物多様性保全を

ＳＤＧｓが世界共通の課題となり、生物多様性条約に基づく対策も進展している。環境価値、生物多様性保全を推進できる河口堰の最適運用を目指すことが、現時点の課題である。

河口の「汽水域」には多様な生態系が存在する。その回復を図るため、たとえば、長良川河口堰上流のＸ㎞まで「汽水域」を回復させるようにゲート操作する河口堰の運用方法を開発することも重要である。

また、ＳＤＧｓには、「豊かな川、豊かな海」の観点もある。下水道処理施設の運用改善と相まって、長良川河口堰によってせき止められていた栄養塩を伊勢湾に流れるようにして、水質の指標だけでなく、生態系や水産との均衡がとれた「水環境政策」への変化にも対応した河口堰の運用方法の改善も考えられる。

そして、長良川河口堰の更新や事故などによって期せずして建て替えが課題となった場合は、更新を既定路線とするのではなく、改めて、その必要性、費用対効果について、多くの人の意見を聞き、熟慮の上、判断することが必要である。

気候変動と大地震への備え

今本博健（いまもとひろたけ）

1．頻発する大洪水――地球温暖化の現状と予測

近年、想定を超える大洪水が各地で頻発している。

長良川では、過剰な浚渫が幸いして大きな被害にはならなかったが、2004年10月台風23号により忠節地点で観測史上最大となる流量8000㎥／秒の出水があった。それ以外にも、2011年9月台風12号により熊野川ではわが国観測史上最大となる流量2万4000㎥／秒を記録し、2015年9月台風18号による鬼怒（きぬ）川洪水、2017年7月九州北部豪雨による筑後川洪水、2018年7月西日本豪雨による高梁（たかはし）川水系小田川洪水や肱（ひじ）川洪水、2020年7月線状降水帯による球磨（くま）川洪水など、毎年のように大洪水が頻発している。河口堰は洪水や高潮、津波に対して障害物となり、水害リスクを拡大する恐れがある。

このような大洪水の頻発の背景にあるのが地球温暖化である。

気候変動に関する政府間パネル（略称ＩＰＣＣ）第6次評価報告書の第1作業部会報告書によると、人間活動により温室効果ガスＧＨＧ（二酸化炭素、メタン、一酸化二窒素など）の大気への排出量が増加したことにより、現在（2011～2020年）の世界平均気温は工業化以前（1850～1900年）に

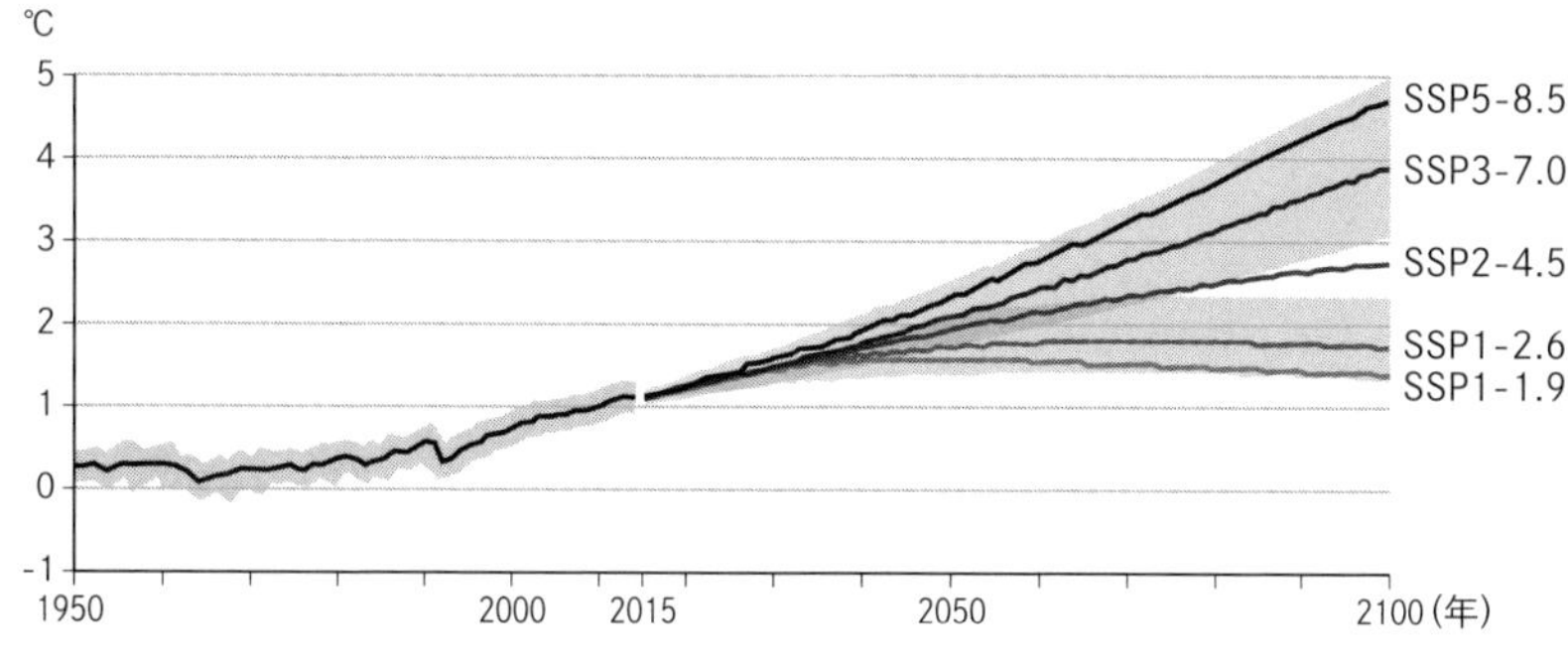

図1 1850～1900年を基準とした世界平均気温の変化
出典：IPCC第6次評価報告書

比べて1・09℃上昇しており、上昇率は年々増加している。世界平均海面水位も、陸域の氷の減少と海洋の温暖化による熱防潮により、1901～2018年の間に0・20m上昇している。

このまま進めば、図1に示すように、将来（2081～2100年）の世界平均気温は、工業化以前に比べて、GHG排出量が非常に少ないシナリオでは1・0～1・8℃、中程度のシナリオでは2・1～3・5℃、非常に多いシナリオでは3・3～5・7℃高くなると予測されている。

地球温暖化は気候変動をもたらす。降雨量や洪水流量が増加するとともに発生頻度も増加するようになっている。国交省の「気候変動を踏まえた治水計画に係る技術検討会」の2019年の提言によると、気候変動の「2℃上昇シナリオ」では、降雨量は約1・1倍、流量は約1・2倍、洪水発生頻度は約2倍になるとされている。

2．気候変動で変わる水害対策の考え方

こうした事態にどう対応すればいいか。国交省の社会資本整備審議会の2008年の答申「水災害分野における気候変動適応策のあり方について」では、洪水を施設で対応できるものと施設の能力を超えるものとに分け、前者については水害の発生を防止する施設の整備を進め、後者については被害を軽減する減災対策に取り組むべきであるとしている。こうした考えは後述

の地震動に対する取り組みと共通している。

これまでの治水は「一定限度の洪水を対象に水害の発生を防止する」ようにし、対象を超える洪水は想定外として無視してきた。この答申では、対象を施設の能力を超えるものに広げ、被害の防止対策だけでなく、軽減対策も取り入れている。このことは水害対策を本来の姿に近づけたと評価できる。

問題なのは施設で対応する洪水の規模をどのように設定するかである。先の答申では「比較的発生頻度の高い洪水」としているが、洪水の規模から決めれば、施設の能力が追いつかない可能性がある。これを回避するには、実現可能な施設の能力の上限を採用するのが妥当である。もちろん、技術の進歩とともに上限は進化するので、それに応じて対応する洪水の規模を引き上げる必要がある。

気候変動により将来の降雨がどうなるかを予測しておくことは重要である。現在、気候変動予測モデルを活用した検討が進められており、その成果が期待される。

水害対策で注意すべきは「水害対策は環境に影響を及ぼす」ということである。これまでは、水害対策を優先し、環境を軽視してきたきらいがある。これからは、水害対策といえども、環境に重大な影響を及ぼさないようにしなければならない。

3. 長良川の洪水・高潮と河口堰のリスク

気候変動は長良川の治水にも大きな影響をもたらすことになる。

2020年3月変更の「木曽川水系河川整備計画」では、目標高水8100m³/秒、洪水調節施設による調節400m³/秒、河道への配分流量7700m³/秒とされているが、近い将来、気候変動の影響により、これを超える洪水が発生し、目標高水が引き上げられるであろう。これに対してどう対応すればいいか。

長良川は過剰な浚渫により流下能力は想定以上に大きくなっているとはいえ、流下能力を大幅に増加させる新たな対策はなく、目標高水の１・2倍の引上げには対応できない。当面は流域治水の充実に頼るほかないが、流域住民の安全・安心を確保するには、避難対策および公的補償制度の確立が必要である。

気候変動の影響による洪水や高潮の大規模化あるいは海面上昇は越水の可能性を高めるため、越水に耐える堤防補強が必要となる。また、長良川河口堰の平常時のゲート操作では、堰上流の水位を満潮位より0・1ｍ高くするようにしている。気象庁の「気候変動監視レポート２０２１」によれば、日本沿岸の海面水位は平均2・9㎜／年で上昇しているという。整備計画の対象期間の20～30年では58～87㎜上昇することになる。水位が上昇すれば、堤防への浸透量が多くなり、堤防を脆弱にする。浸透対策の再検討が必要である。

河口堰全閉時のゲート天端高はＴＰ2・2ｍで、朔望平均満潮位ＴＰ1・2ｍより1・0ｍ高いだけなので、海面水位が上昇すればゲートの改造が必要になる可能性がある。洪水時および高潮時にはゲートが堤防天端高ＴＰ5・8ｍまで引き上げられるが、増大した洪水流量あるいは増高した高潮高によっては流れがゲートに衝突し、ゲートの損傷や被害の拡大をもたらす可能性がある。

4．想定される大規模地震――南海トラフ地震

日本周辺において、発生の切迫が指摘されている大規模地震として、図2に示すように、南海トラフ地震、日本海溝・千島海溝周辺海溝型地震、首都直下地震、中部圏・近畿圏直下地震が挙げられている。なかでも南海トラフ地震は、今後30年以内に発生する確率が70％とされ、最悪の場合、死者・行方不明者数約32・3万人（東日本大震災の約15倍）、住宅全壊戸数約２３８・6万棟（約20倍）と予測されている。

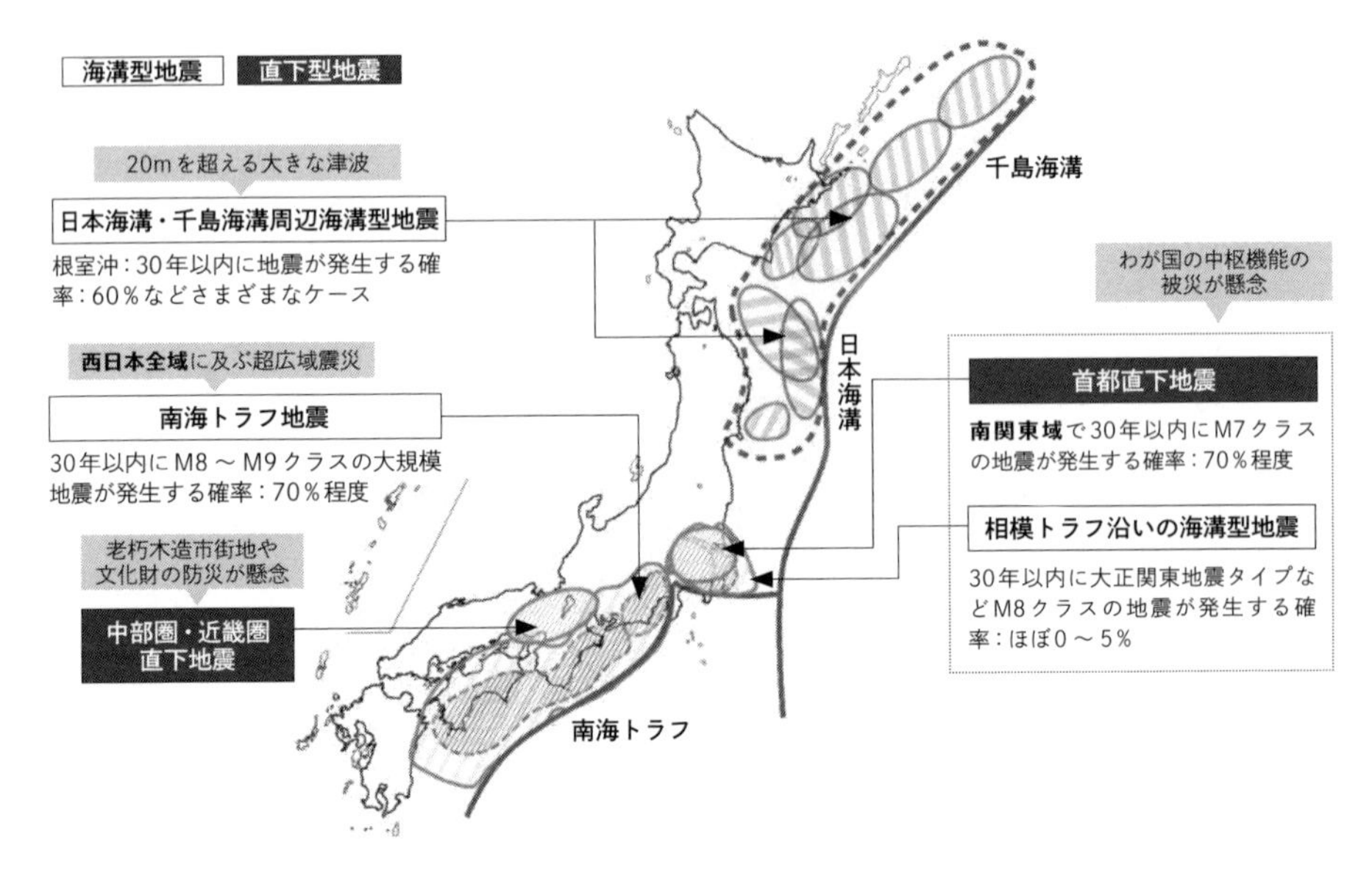

図2　想定される大規模地震
出典：内閣府ホームページ

ここで、地震の強さや規模を表わす用語を整理しておく。

「震度」はある場所における地震の揺れの強弱の程度を表わすもので、0～7に分けられている。かつては体感や周囲の状況から決めていたが、1996年4月以降、加速度や周期などから求める「計測震度計」による観測値から決められ、「気象庁震度」と言われている。

「マグニチュード」は地震が発するエネルギーの大きさを対数で示した指標値である。マグニチュードMが1違うと32倍のエネルギー差になる。地球上で発生し得る最大地震のMは10である。

「地震動」は地震による振動そのものであり、対策上の観点から「レベル1」と「レベル2」に分けられる。レベル1地震動は、発生する確率が高いが、規模が大きくない地震で、被害の防止が目標とされる。レベル2地震動は、発生する確率は低いものの、発生すれば大きな被害が予想される地震で、被害の軽減が目標とされる。

5．地震による破堤と津波への懸念

河川の地震への備えには地震動に対するものと津波に対するものとがある。

堤防、水門、堰といった河川構造物の地震動に対する耐震性は、レベル１地震動に対しては「損傷を許容しない」とされ、レベル２地震動に対しては「保持すべき機能に応じて一定の損傷を許容」とされている。レベル２に相当する１９９５年１月の阪神・淡路大震災では、淀川下流の堤防基盤が液状化して崩壊したが、幸い大きな津波は発生せず、住民への被害はなかった。

木曽三川は、１９１２年（明治45年）に完成した「木曽川下流改修計画」により、入り乱れていた河道が分離され、現在の河道になった。このため堤防は随所で砂利層の旧河道を横切っており、地震による液状化が懸念される。長良川には河口堰により貯水されているため、破堤すれば大量の水が溢れる恐れがある。

中央防災会議は、東日本大震災３か月後の２０１１年６月の「中間とりまとめ」で、津波への対策を「施設建設上の想定津波」と「最大クラスの津波」に分けて考えることを提案している。地震動レベルの区分にしたがえば、それぞれ、レベル１津波、レベル２津波ということになる。前者に対しては施設により被害を防止し、後者に対しては住民避難を柱とした総合的防災対策により被害を軽減することを目標とすべきとしている。

6．長良川の河川津波と河口堰のリスク

河川で問題となるのは河川を遡上する津波で、「河川津波」と言われる。２０１１年３月の東日本大震

災では、津波が北上川を河口から49㎞付近まで遡上し、12㎞付近まで堤防を越えて、被害を拡大した。
河川津波時の河川構造物の操作方式には、河川津波の遡上を阻止する「全閉」と、遡上させる「全開」とがある。大阪府の安治川などに設置された三つのアーチ型防潮水門は、高潮や津波が上流で溢れるのを防ぐため、全閉方式を採用している。

長良川河口堰は、気象庁から伊勢湾沿岸に対して津波警報が発せられ、伊勢湾口の神島観測所で2m以上の津波が観測されたとき、すべてのゲートを堤防高より高く引き上げる（全開）とされている。内閣府や自治体のとりまとめによれば、南海トラフ地震が発生したときの伊勢湾内における最大津波高は4～7mと予測されており、堤防から溢れる可能性がある。また、最大震度は7と予測されており、ゲートが正常に操作されなくなる可能性がある。

青森県馬淵川の河口から2・6㎞地点に設置されている馬淵大堰は、操作規則で津波時には全閉するとされていたが、東日本大震災では、4門のゲートのうち全閉できたのは1門だけで、1門は作動せず、2門は半閉状態で停止した。このため、２０１４年６月に大津波警報が発表された場合にはゲートを全開するように操作規則が変更された。

このようなゲートの操作装置の損傷は長良川河口堰でも起こり得る。現に、２００８年６月洪水時に7号ゲートの電動機に不具合が発生し、標高4・21mで停止した。津波時にゲートが全開できなければ、河川津波がゲートに衝突し、両岸の堤防から越水氾濫することになる。こうした事態に備え、きめ細かな防災計画を策定するとともに、一般住民が参加した防災訓練を定期的に実施する必要がある。

長良川治水の「これまで」と「これから」

今本博健

1．河口堰建設の経緯――利水・治水・環境の現在

長良川河口堰事業は長良川にとって明治改修以来の大工事である。１９５９年前後に利水を目的として構想され、１９５９〜１９６１年の３年連続洪水を契機として引き上げられた計画高水流量に対応するために必要な浚渫を可能にするとの理由で治水が目的に加えられ、１９６５年の工事実施基本計画に位置づけられた。

この建設では推進派と反対派が激しくせめぎ合った。

当時の建設省中部地方建設局は構想段階にあった１９６０年４月にはやばやと基礎調査を始め、１９６３年３月の総体計画で計画高水流量を４５００m³／秒から７５００m³／秒へ引き上げ、年内に必要浚渫量の算定を終えている。この算定では河口堰の存在を前提としており、建設は既成の事実であったのだろう。

反対派の動きも早かった。１９６３年７月に長良川河口ダム反対期成同盟会が岐阜県議会に「河口ダム反対」の請願をし、１９６７年３月には岐阜県の平田町、海津町が各議会で河口堰反対の決議をしている。反対運動が激しくなったのは１９７３年７月に建設大臣が実施計画を認可してからである。同月に長良川

流域の7漁協が差止仮処分を申請し、12月には原告団2万6605人による差止訴訟を起こした。この訴訟は原告団の多さからマンモス訴訟として全国の注目を集めた。1974年1月には岐阜市民を中心とする「長良川河口堰に反対する市民の会」が本格的な反対運動を始めた。

こうした反対運動に水を差したのが1976年9月12日の長良川堤防の破堤である。東海道新幹線長良川橋梁下流約300m地点の右岸堤防が約80mにわたり決壊した。安八(あんぱち)町・墨俣(すのまた)町の3536世帯が床上浸水などの被害を受けた。この破堤は堤防の欠陥によるものであったが、流域住民の洪水への不安を高めた。建設省は河口堰の治水効果を強調し、自治体の多くが賛成に傾いた。1978年8月に岐阜県知事が本体工事着手に同意し、9月には反対決議をしていた海津町、平田町が各議会で促進の決議をした。反対を続けていた漁協も同意に転じ、1988年3月に本体工事が着手された。

着手後に市民グループを中心とする反対運動が全国的に燃え上がった。多くの著名人や政治家が参加した反対集会や水上デモが各地で開催された。これに対抗するかのように流域自治体の議会は促進決議をした。賛成・反対が渦巻くなかで、1995年3月に工事は終了し、7月に運用が開始された。

市民グループの反対運動は事業を中止させることはできなかったが、1997年5月の河川法改正に「地域の意見を反映した河川整備の計画制度の導入」を位置づけさせた。市民グループはこれを誇ってよい。

いま、1995年の運用開始以来、30年近くが経過した。河口堰の現状はどうなっているか。

利水については、河口堰により開発されたのは、工業用水14・8㎥/秒、水道用水7・7㎥/秒の合計22・5㎥/秒である。現在、工業用水はまったく利用されておらず、水道用水として3・592㎥/秒が利用されているだけである。開発量の16%である。付随的効果として北伊勢工業用水など13・207㎥/秒の既得利水の取水安定化がもたらされているものの、「ほとんど役に立っていない」としか評価できない。

治水についてはどうか。浚渫は想定以上の水位低下をもたらしている。浚渫計画に誤りがあったためである。「役に立ちすぎ」ており、望外の安全度が得られたが、技術的には恥ずべきである。

一方、河川環境は確実に悪化している。(注1)河口堰の上流では、干満による水位の変動がなくなり、ヨシ原は大部分が消滅した。塩分の遡上を止めたため、ヤマトシジミが全滅した。アユなどの漁獲量は減少しており、他の要因もあるため評価が困難であるが、河口堰が影響した可能性が大きい。長良川で長年川魚漁を営んできた大橋亮一氏は「河口堰ができて、おぜえ（汚い、質が悪い）川になった」と評している。

2．河口堰の建設は必要だったか

長良川河口堰の建設は必要だったのか。目的ごとに検証する。

利水については、1965年の計画当時は1954年12月に始まった高度経済成長時代のもとで工業用水の開発が急がれており、必要と判断したことは時代の流れである。1973年11月の高度経済成長時代の終焉とともに工業用水の需要の伸びは期待できなくなった。この時点で利水面での必要性は消滅した。

治水面での必要性については計画当初から建設省内部でも意見が分かれていた。1960年洪水を受けた計画高水流量の大幅な引上げに対応するため大規模の浚渫を採用したが、浚渫に伴う塩害の恐れを払拭するため河口堰による潮止めが必要とした。塩害対策には取水口の移転などの方法もあり、この必要理由には無理がある。利水目的で浮上した河口堰計画を後押しするのが最大の理由ではなかったか。

想定外だったのは次の二つの理由により途中で浚渫を続ける必要がなくなっていたことである。

第一の理由は河積の増加である。高度経済成長時代における地下水の過剰な汲上げにより1960年代から1980年代に地盤沈下が急速に進展した。1970年から建設資材用として砂利採取が始まり、

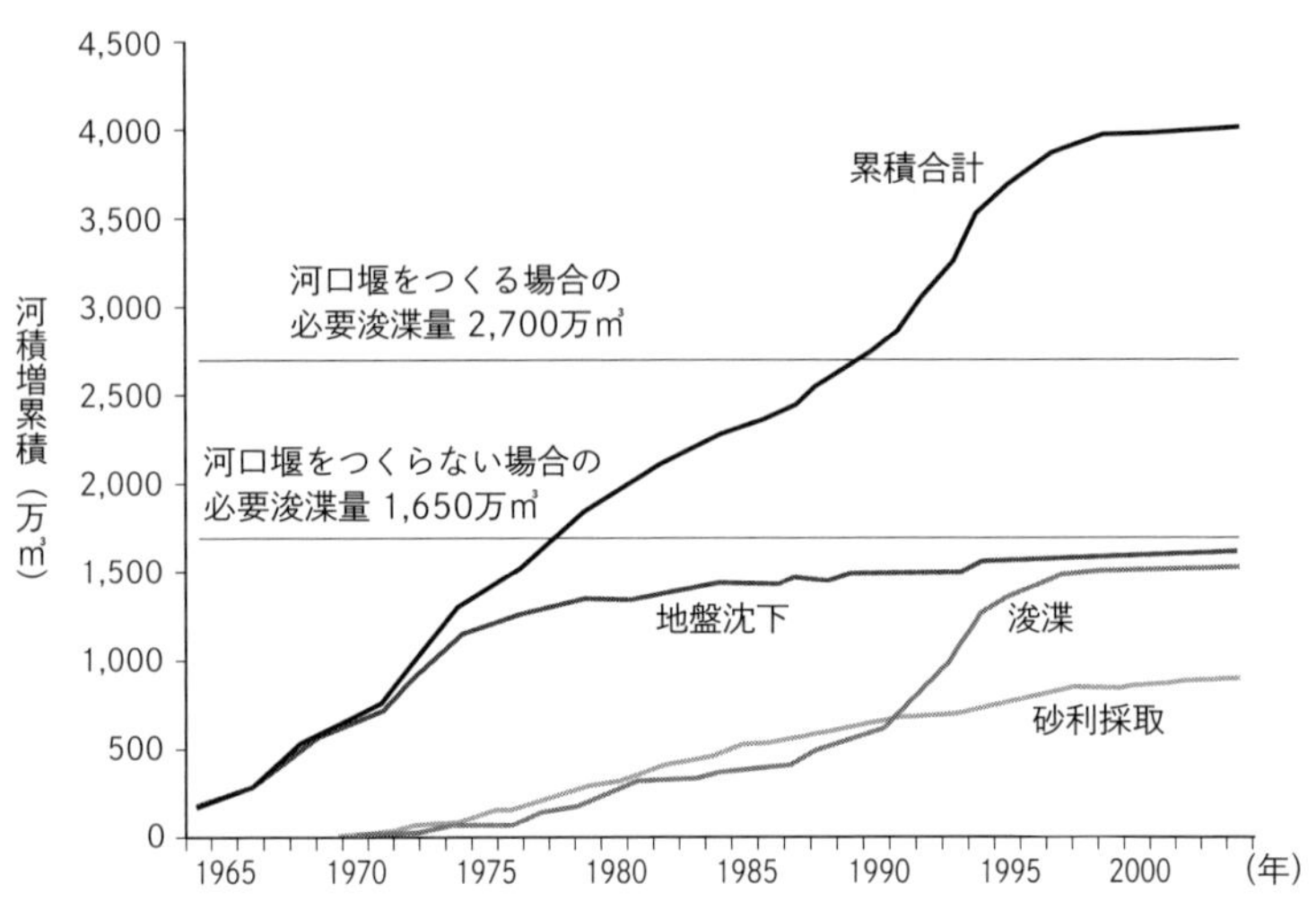

図１　要因別累積河積増

表１　洪水の粗度係数の算定結果

洪水	2.4 ～ 12.8K	12.8 ～ 18.0K	18.0 ～ 24.3K	24.3 ～ 28.4K	加重平均 (2.4 ～ 28.4K)
1960.8 洪水	0.024	0.024	0.030	0.028	0.0261
1961.6 洪水	0.025	0.027	0.029	0.031	0.0273
1976.9 洪水	0.020	0.020	0.027	0.027	0.0228

１９７１年から河口堰事業としての浚渫が始まった。これらにより河積が増加した。図１は要因別の累積河積増を示したものであるが(注2)、地盤沈下・砂利採取・浚渫による合計は、１９７８年に河口堰をつくらない場合の必要浚渫量１６５０万㎥を超え、１９９０年に河口堰をつくる場合の必要浚渫量２７００万㎥を超えている。浚渫計画を変更した１９７２年時点では地盤沈下と砂利採取で１０００万㎥近くの河積増があったが、完全に無視されている。最終浚渫計画の１９８９年時点の地盤沈下による河積増は１４８０万㎥であるが、計画に取り入れたのは３００万㎥だけである。浚渫計画はきわめて杜撰であったとしかいいようがない。

第二の理由は粗度係数の低下である。粗度係数は河道の流れへの抵抗を示す係数で、小さければ流れやすく、大きければ流

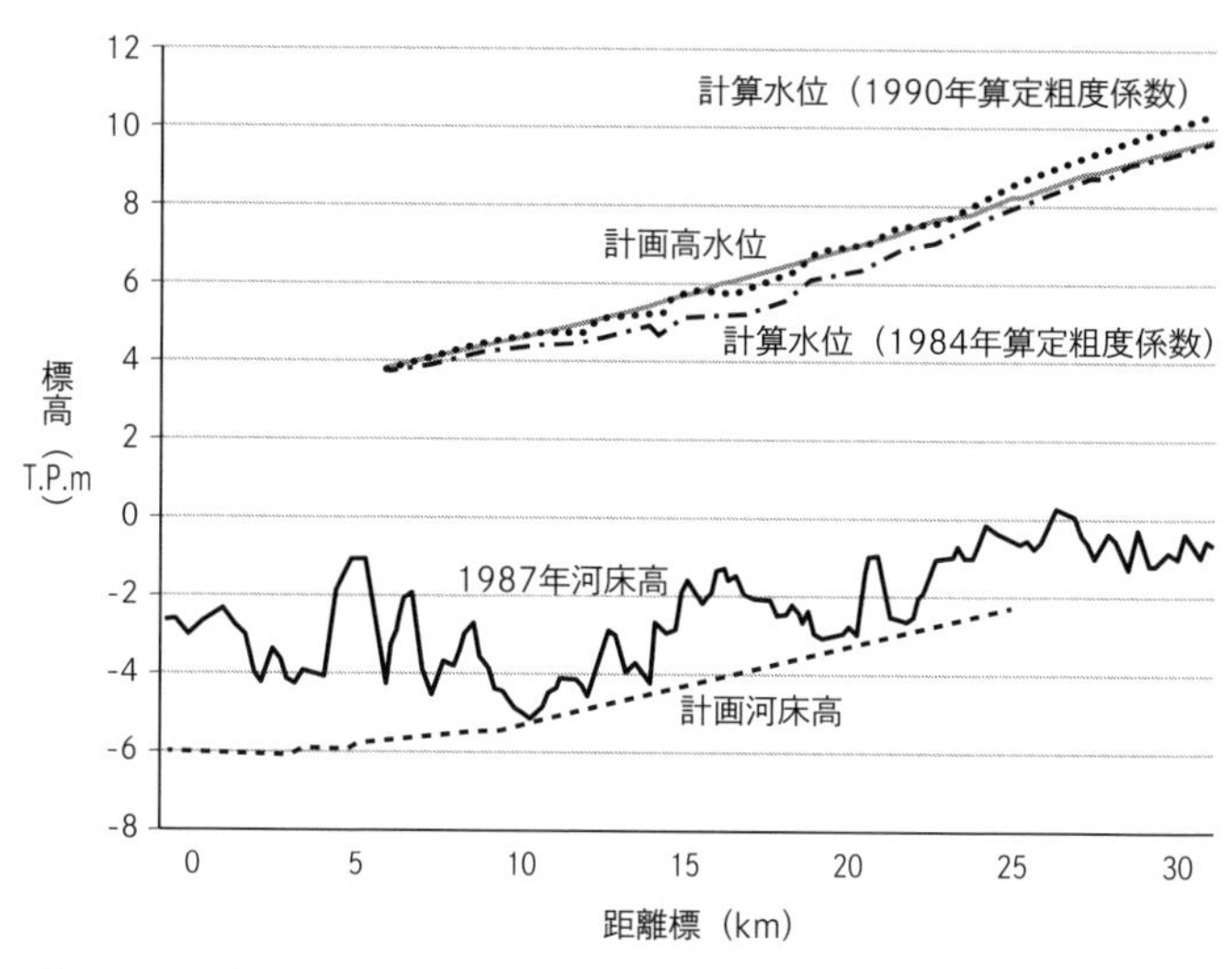

図2　1987年河道における計画高水流量流下時の水位

れにくい。表1は各洪水の粗度係数の算定結果を示したもので、１９７６年洪水の粗度係数は１９６０年・１９６１年洪水より小さくなっている。これは3年連続洪水後に行なわれた河川改修により河道が整正され、流れやすくなったことによると説明される。

このように、河積が増え、粗度係数が低下したことにより、河道の流下能力が増加した。図2は河口堰本体着工前年の１９８７年河道に１９７６年洪水の粗度係数を用いて計画高水流量７５００㎥／秒が流れたときの水位計算結果である。１９９３年12月7日の『朝日新聞』名古屋本社版(注3)に掲載されたものを書き直した。計算水位は計画高水位を超えず、安全に流れることを示している。この時点では塩水の遡上を止めていると説明されている15㎞付近の河床の局所的な盛り（マウンド）はまだ浚渫されずに残されていたので、河口堰により塩水の遡上を止める必要がない。つまり河口堰は必要でなくなっていたのである。

3．計算水位は適正だったか——採用された「普通でない方法」

事業者側はこのことに気づかず、1988年3月に河口堰本体工事に着手してしまった。もし気づいていれば、着工は延期せざるを得なかったであろう。着工翌年の1989年秋に建設省は何らかのきっかけで気づいた。このままでは河口堰をつくる論拠が崩れる。危機感をもった建設省河川局は1976年洪水の再計算に乗り出した。1984年の算定値より大きな粗度係数とすることにより1987年河道が計画高水流量を安全に流すことを否定しようとしたのである。(注4)

そのためには「普通でない方法」を用いる必要がある。普通の方法では水位観測所で観測された水位と、あらかじめ求めていた水位流量曲線より得られる流量を用いる。1984年算定ではこれらを用いている。河川局は、これらを無視し、洪水痕跡から水位を求め、貯留関数法を用いる流出計算により算定される流量を用いた。破堤という非常事態の中で必要とは思われない洪水痕跡を調査していたことに驚かされるが、洪水痕跡は観測水位より大きめになることを利用した。当時の流出計算に用いる諸係数への信頼性が低いため算定された流量への信頼性も低い。ちなみに1976年洪水の第4波のピーク流量は、水位流量曲線では6448㎥/秒であるが、流出計算では5800㎥/秒とされている。粗度係数は、水深の5／3乗、流量のマイナス1乗に比例するので、水深を過大に、流量を過小に評価すれば、粗度係数を大きく評価できる。河川局はこの特性を利用して粗度係数を大きくしようと目論み、1990年2月に計算を終えた。

表2は1976年洪水の粗度係数の算定値を比較したものである。1990年の算定値

表2　1976年洪水の粗度係数算定値の比較

粗度係数の算定		6.2～18.0K	～24.3K	～30.2K
1984年算定	全波	0.020	0.027	0.027
1990年算定	第1波	0.020	0.027	0.027
	第4波	0.025	0.030	0.032

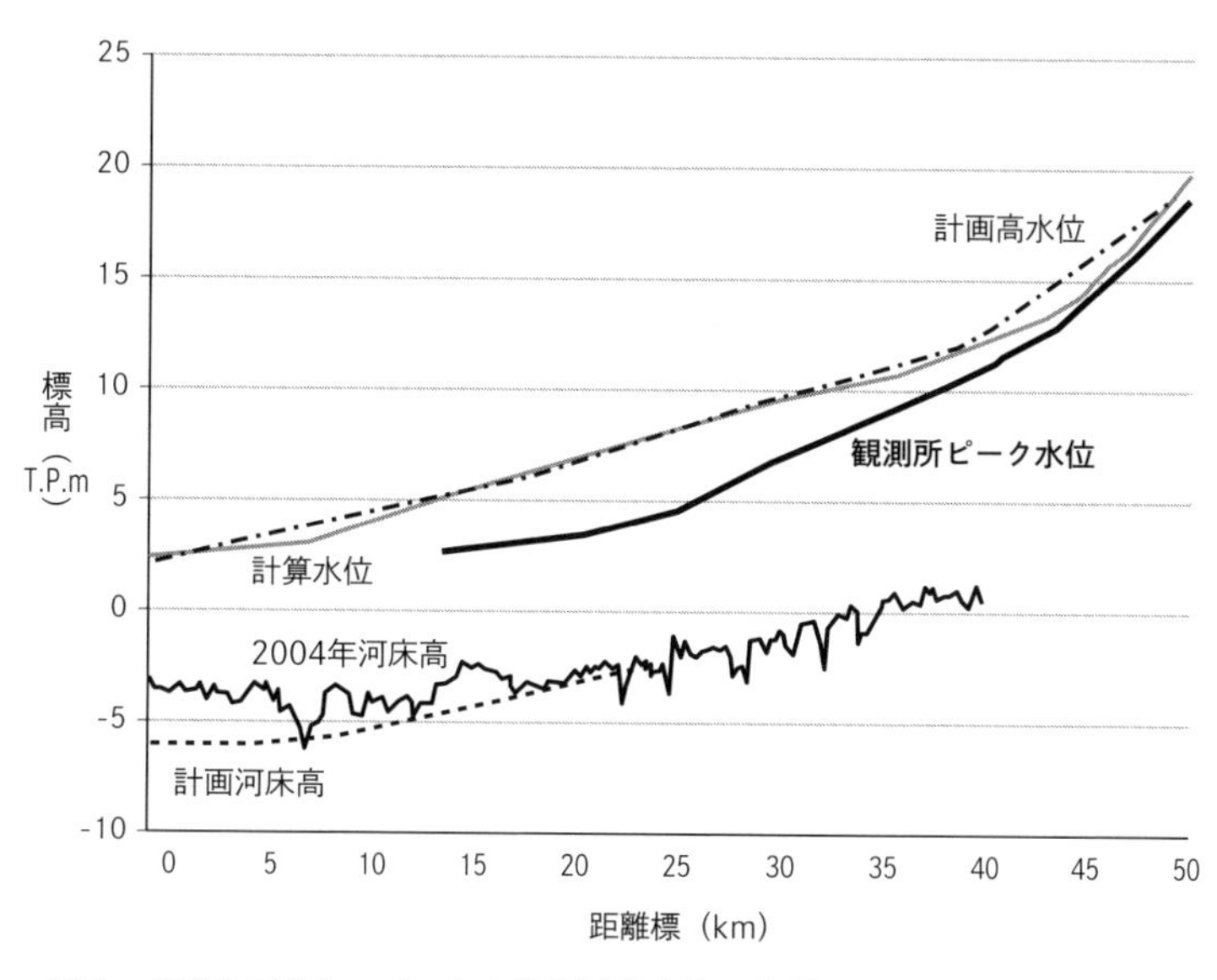

図３　2004年洪水のピーク水位と計算水位の比較

は、流量として忠節地点での流量観測による実測値を、水位として水位観測所における観測水位を用いた第１波は１９８４年算定値とぴったり一致しているが、第４波は大きくなっている。

図２に併示した第４波の粗度係数を用いた計算水位は20㎞付近上流で計画高水位を上回っており、さらなる浚渫が必要であることになる。これにより河川局は「河口堰の必要性が確認できた」と安堵した。なお、図２の計算水位は朝日新聞によるものであり、建設省河川局は公表していない。

この安堵は２００４年洪水により打ち破られることになる。この洪水は墨俣地点の流量が８０００㎥／秒と計画高水流量を５００㎥／秒上回る観測史上最大の洪水であった。各水位観測所におけるピーク水位は、図３に示すように、第４波の粗度係数をもとに設定した計画粗度係数を用い、計画河道に計画高水流量が流れた場合の計算水位より低かったのである。約40㎞までの感潮区間でピーク水位が計算水位を下回ることは洪水時の河口水位が水位計算の出発水位より低かったことで説明できるが、感潮区間より上流の墨俣（39・4km）、穂積（43・9km）、忠節（50・2km）の水位が計算水位を大きく下回ったことは水位計算の粗度係数が過大であったことによるとしか説明できない。

結局、1987年河道は計画高水流量を安全に流すことができ、河口堰は必要でなくなっていた。

4．治水方式の変遷――定量治水と非定量治水

長良川からいったん離れ、一般論として治水の方式について考えよう。

治水には種々様々な対策が用いられているが、対策が実施される場所により河川での対策と流域での対策に、対応のやり方により施設による対策（ハード対策）と活動による対策（ソフト対策）に大別される。河川でのハード対策には、流下能力の増大（堤防嵩上げ・引堤・河道掘削）、流量調節（ダム・遊水地）、機能強化（堤防強化）などがあり、ソフト対策には、水防活動、情報の収集・伝達、人為破堤などがある。また流域でのハード対策には、流出の抑制（森林育成・調節池）、氾濫流の制御（二線堤・輪中堤）、耐水化（地盤嵩上げ・ピロティ住宅）など、ソフト対策には、人的対策（避難）、物的対策（保険・補償）などがある。河川での対策による治水を河川治水、流域での対策による治水を流域治水という。

明治時代になりオランダ人技師の指導のもとに量水標が設置され、洪水の水位と流量が観測できるようになった。観測結果を利用して、計画の対象とする洪水（計画洪水）を設定し、それに対応できる対策をするようになった。この方式を一定限度の洪水を対象にしていることから定量治水という。

定量治水は1896年（明治29年）に河川法が制定されてから現在まで用いられているが、時代とともに図4のようにその内容は変化している。

当初の計画洪水は既往洪水であった。再度災害を避けるためである。より大きな洪水が発生するたびに

計画洪水も大きくした。このやり方を既往最大主義という。この場合、たまたま大洪水が発生した河川の計画洪水が突出するため、１９５３年の河川砂防技術基準（案）策定時に計画洪水は確率洪水に変更された。１９６４年の河川法改正により水系ごとに策定することになった工事実施基本計画では計画洪水を基本高水と称している。基本高水をクリアしようとしていることから基本高水を対象とした定量治水という。

確率洪水への変更は、結果として計画洪水を大きくし、河道だけでは対応できず、ダムの導入につながった。ところがダムには地域社会や自然環境を破壊するという欠陥があるため、根強い反対があり、工事実施基本計画の達成が見込めなくなった。このため、１９９７年の河川法改正により、基本高水に対応しようとする基本方針と、より小さな目標高水に対応しようとする整備計画に分け、前者を実質棚上げし、後者を達成することにした。基本高水はクリアされないが、目標高水をクリアしようとしていることから目標高水を対象とした定量治水という。

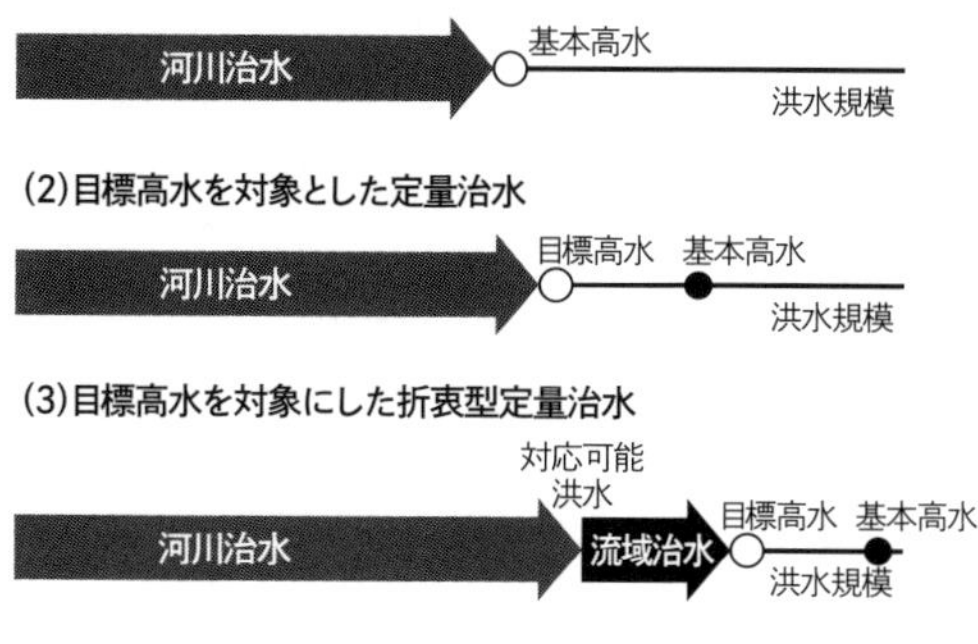

図４　定量治水の変遷

21世紀に入り、気候変動の影響により目標高水どころか基本高水をも超える洪水が発生しだした。２０１５年の社会資本整備審議会の答申(注5)を受け、気候変動を治水計画に反映させるため、基本高水は２℃上昇シナリオのもとに実績データに加え気候変動予測モデルによる将来気候の降雨データなどを用いたものに変更されようとしている。同じく目標高水も１・２倍程度にされようとしている。こうなると目標高水をクリアできない。このため、定量治水のもとで選択された対策による対応可能洪水を超える洪水には流域治水により被害を軽減しようとしている。これを河川治水と流域治水を併用した折衷型定量治水という。

一方、１９９７年の河川法改正により、法目的に、治水と利水に加え、河川環境の整備と保全が位置づけられた。実態は治水と利水とりわけ治水が中心で、河川環境は配慮の参考に過ぎず、治水ファーストであった。しかし、環境が破壊されれば流域の社会・経済の基盤も失われる。健全な流域社会を持続させるには「治水・利水のためであっても環境に重大な影響を及ぼしてはならない」とする考え方に転換する必要がある。定量治水はダムのように環境を破壊する対策であっても採用せざるを得ない。したがって、河川法改正の時点で定量治水を中止すべきであった。

定量治水に代わる最も有力な治水方式は非定量治水である。この方式は、計画洪水を設定せず、洪水を流域全体で受け持とうとするものである。計画洪水を設定しないため選択せざるを得ない対策はなく、実現可能な対策であっても選択しない自由がある。対策の選択では実現性だけが条件で、効果、実現までの時間、経費などを考慮して決定される。長年にわたり治水計画を支配してきた基本高水や目標高水は参考にされるだけで、対策の選択を支配するものではない。非定量治水における対応可能洪水は選択された対策によって決まることになる。

定量治水であれ、非定量治水であれ、河川治水で対応できる洪水には限度がある。したがって、治水方式にかかわらず、限度を超える洪水による被害を軽減するため、流域治水を併用する必要がある。

5．長良川治水の「これから」――流域治水と環境対策

長良川の治水も転換が迫っている。忠節地点における現在の基本高水は８９００㎥／秒、目標高水は８１００㎥／秒である。気候変動により1・2倍に引き上げられるとすれば、それぞれは１万６８０㎥／

秒、９７２０㎥／秒になる。整備計画での洪水調節施設による調節流量を現計画と同じ４００㎥／秒とすれば、河道への配分流量は９３２０㎥／秒となる。現整備計画に比べれば１６２０㎥／秒の流下能力の増大が必要になる。浚渫で対応しようとすれば長良川河口堰の切下げが必要となり、改築しなければならないが、現実には困難である。堤防嵩上げや引堤も浚渫選択時と同じ理由で実施困難である。これに海面上昇も加わるので、流域治水に頼らざるを得ないことになる。

喫緊の課題は環境対策である。

河口堰の必要論拠の一つが塩害の懸念であったが、塩水の遡上については不明の点が多い。予測に用いられた数値シミュレーションでは平らな計画河床を対象にして最大30㎞付近まで塩水が遡上するとしているが、実際の河道には凹凸があり、どこまで遡上するかは定かではない。

愛知県長良川河口堰最適運用委員会が２０１３年および２０１９年に行なったＧＰＳ魚群探知機を用いた河床調査によると、塩水の遡上を止めていたとされる15㎞付近には砂州が再形成され、発達しつつある。[注6] 平常時の流れは砂州の間の澪筋（みおすじ）を流れるので平らな場合の河道全体に広がって流れるより流速が大きく、浚渫前と同様に塩水の遡上を妨げると予想される。実際はどうなっているかを知るには河口堰を開門して塩水の遡上状況を調査する必要がある。

河口堰の環境に及ぼす影響は海外でも問題になっている。

オランダでは１９５３年に北海大高潮により大被害が発生した。１９５８年から河口を締切るデルタ計画が始められ、13か所に締切堤を設置して１９９７年に完了した。その後、ライン川の河口に設置された１９７０年竣工のハーリングフリート堰では、サケや海マスの遡上が阻害され、ヘドロが堆積し、水質汚濁が進行するなどの弊害が発生したため、３分の１の水門を常時開門し、ライン川流量が少ないときは閉門するというコントロール・タイド方式が２００５年から実施されている。

韓国では、１９８７年に洛東江左岸に治水と利水を目的とした河口堰が完成した。ところが、汽水域がなくなったことで、シジミやウナギなど多くの生き物が姿を消した。周辺は東洋最大と言われる渡り鳥の飛来地であるが、餌になる水辺の植物も激減した。このため、２０１９年から潮の干満に合わせて一部の水門を開ける試験操作が始められ、２０２２年から本格運用されている。

長良川河口堰については、２０１１年に行なわれた愛知県知事と名古屋市長の選挙で当選した大村秀章知事と河村たかし市長が選挙時の共同マニフェストに「長良川河口堰の開門調査」を掲げたことから、愛知県において開門調査の検討が始まった。２０１１年６月に長良川河口堰検証プロジェクトチームが設置され、同年７月に同専門委員会が設置された。２０１２年６月にプロジェクトチームと専門委員会が合体して愛知県長良川河口堰最適運用検討委員会となり、現在に至っている。また、２０１２年４月に県庁内の関連部局で構成する長良川河口堰庁内検討チームが発足している。

２０１２年１月、愛知県は、開門調査を実現するため、国側（国土交通省中部地方整備局および水資源機構中部支社）に愛知県が設置する専門家の会議と国土交通省が設置する専門家の会議との合同会議の設置への協力を依頼し、合同会議を円滑に進めるための準備会が開催されることになった。準備会は同年に2回開催されたが、立ち消えになっている。

愛知県長良川河口堰最適運用検討委員会は、一貫して開門調査の必要性を主張し、部分開門（プチ開門）の試験試行を提案しているが、国側は応じようとしていない。しかし、このままでは環境の悪化が進行するだけである。

可及的速やかに、関係者が一丸となって、よりよい長良川の実現を目指すべきである。

（注1）武藤仁「長良川河口堰をめぐる状況と課題」『河北潟総合研究』23巻、37〜39ページ、2020年

（注2）国土交通省河川局「木曽川水系河川整備基本方針 土砂管理等に関する資料（案）」河川整備基本方針検討小委員会資料、2007年7月

（注3）『河口堰・しゅんせつ 洪水防止に不可欠』88年着工時、裏付け数字なし」『朝日新聞』名古屋本社版、1993年12月7日

（注4）建設省河川局・建設省土木研究所・水資源開発公団『長良川河口堰に関する技術報告』1992年4月

（注5）国土交通省「気候変動を踏まえた新たな河川整備基本方針の策定」社会資本整備審議会資料、2021年3月

（注6）愛知県長良川河口堰最適運用検討委員会『長良川河口堰の現在の課題と最適運用について』2022年3月

河口堰開門で塩水はどこまで遡上するか

藤井智康（ふじいともやす）

1. 堰建設前後の土砂堆積と浚渫の状況

1995年7月に運用を開始した長良川河口堰は、28年が経過した。長良川では、1976年の安八（あんぱち）水害など多くの水害に見舞われており、この対策として堤防嵩上げや引堤なども考えられたが、計画高水流量7500㎥／秒（国土交通省「木曽川水系河川整備基本方針」〔2019年〕より、現在は、墨俣（すのまた）地点で8900㎥／秒）を流下させるには、河口から約14〜18㎞の河床が高くなっていた「マウンド」を含めた河道の浚渫によって、河川の流水断面積（河積）を確保する必要があるとされた。国の計画（下流区間—0・6〜30・2㎞）では、1963年には1300万㎥、1972年には3200万㎥、1989年には2700万㎥の浚渫量が必要であると見直されてきた。1971年から浚渫が開始され、図1のように河口堰本体着工前の1987年には累計430万㎥、全ゲート操作を開始した1995〜1997年のマウンド浚渫を含め、2004年には累計1510万㎥の浚渫を行なっている。ただし、河積を増加させるのは、浚渫だけではなく、地盤沈下や砂利採取によっても増加する。堰運用開始前年の1994年時点では、地盤沈下量1550万㎥、砂利採取量740万㎥、浚渫量1260万㎥の累計3550万㎥であったことから、1989年の計画である2700万㎥を大きく超えた河積の増加となっており、塩水が止めら

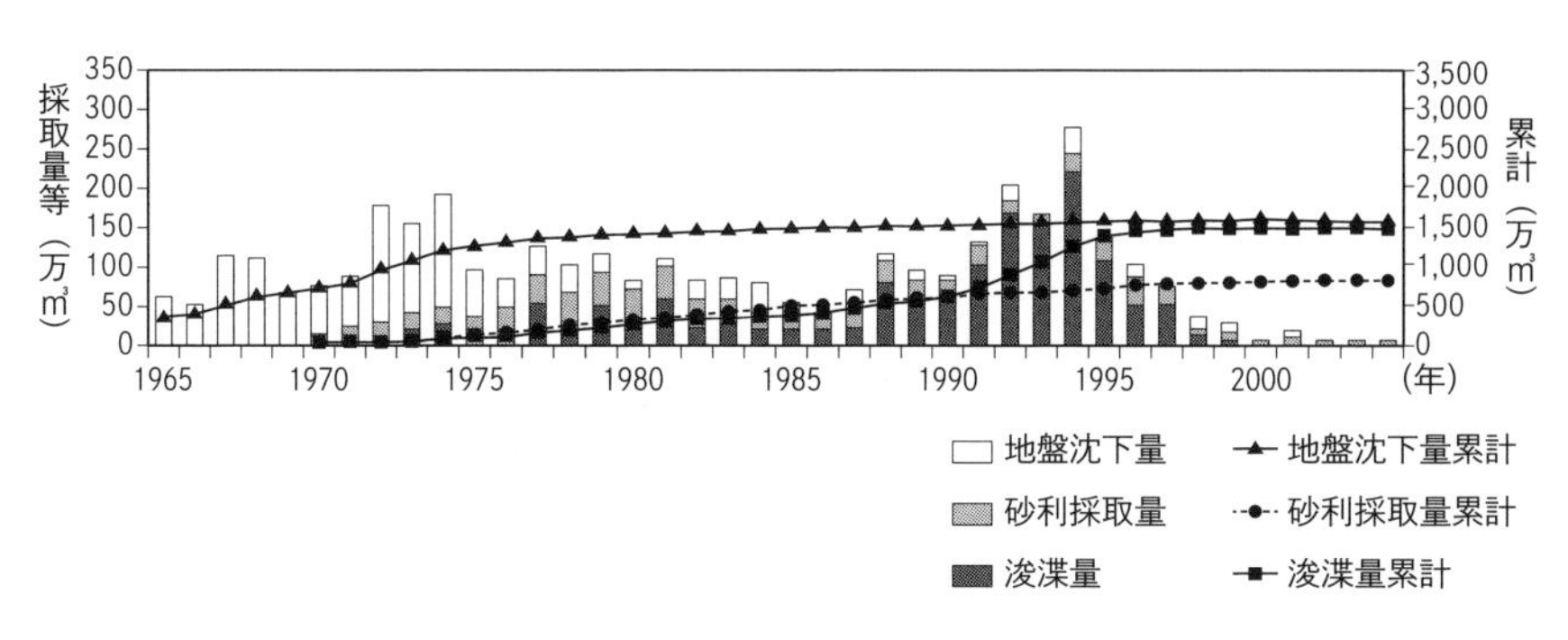

図１　河床変動要因変化
浚渫量は揖斐川河口部を含む
出典：国土交通省河川局「第72回河川整備基本方針検討小委員会　木曽川水系河川整備基本方針　土砂管理等に関する資料（案）」（2019年）を一部改変

れていたと説明している「マウンド」を含めた大規模な浚渫は必要なかったとも言える。堰運用後も１９９５〜１９９９年に堰より下流で約１３９万㎥を、２０１３〜２０１５年に河口から10・６〜12・０㎞で約22万㎥を浚渫しており（国土交通省中部地方整備局提供データより）、それ以降も継続的に浚渫が行なわれている。

２．河床形状はどう変化したのか

「マウンド」は固定して存在するように思われるが、土砂は移動するため、現われたり消えたりしている。図２-(a)のように浚渫開始前年の１９７０年では、長良川全体で河床が高い（水深が浅い）が、１９７１年に浚渫が開始され、１９９７年のマウンド浚渫によって最大で４・０ｍほど河床が低く（水深が深く）なっている。一方、マウンドの形成については、図２-(b)のように河口から15・０㎞の河川横断面の変化を見ると、１９７０年では、左岸側で浅く、中央から右岸で深くなっている澪筋（みおすじ）が存在する河川形状となっている。したがって、河川水はこの澪筋を通じて、流下と塩水遡上をしていると考えられ、「マウンドで塩水が止められていた」とする国の断定的な説明には疑問が残る。また、１９９７年の浚渫によって全体的に水深が深くなっているものの、２０１０年には、最大２・０ｍほどの河床の上昇

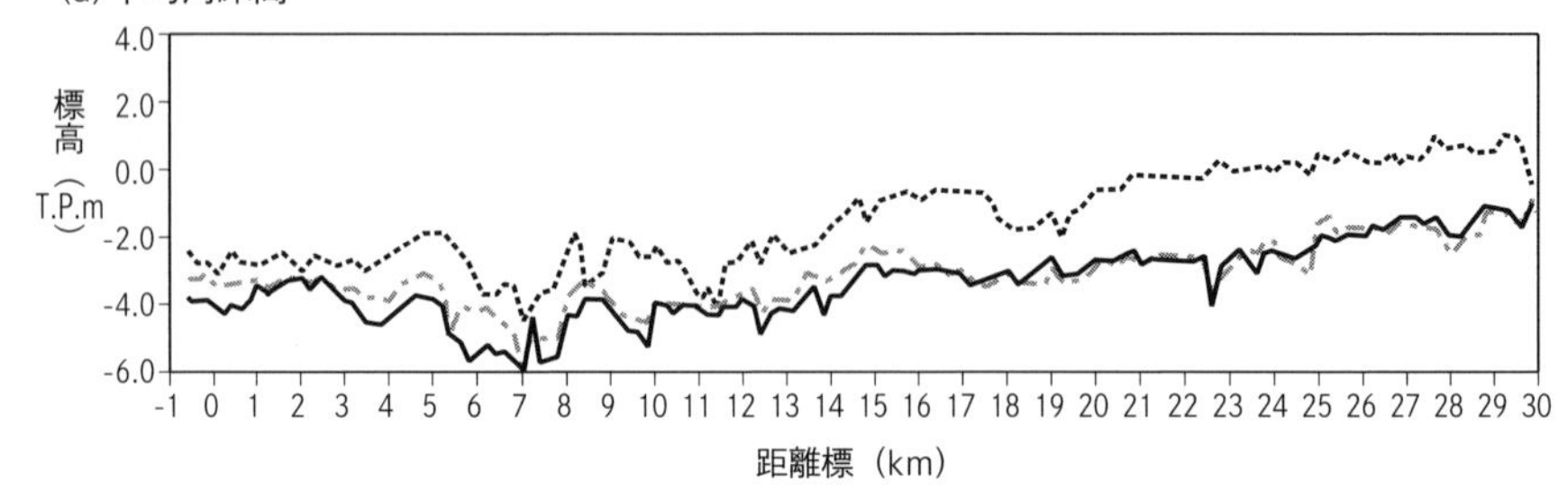

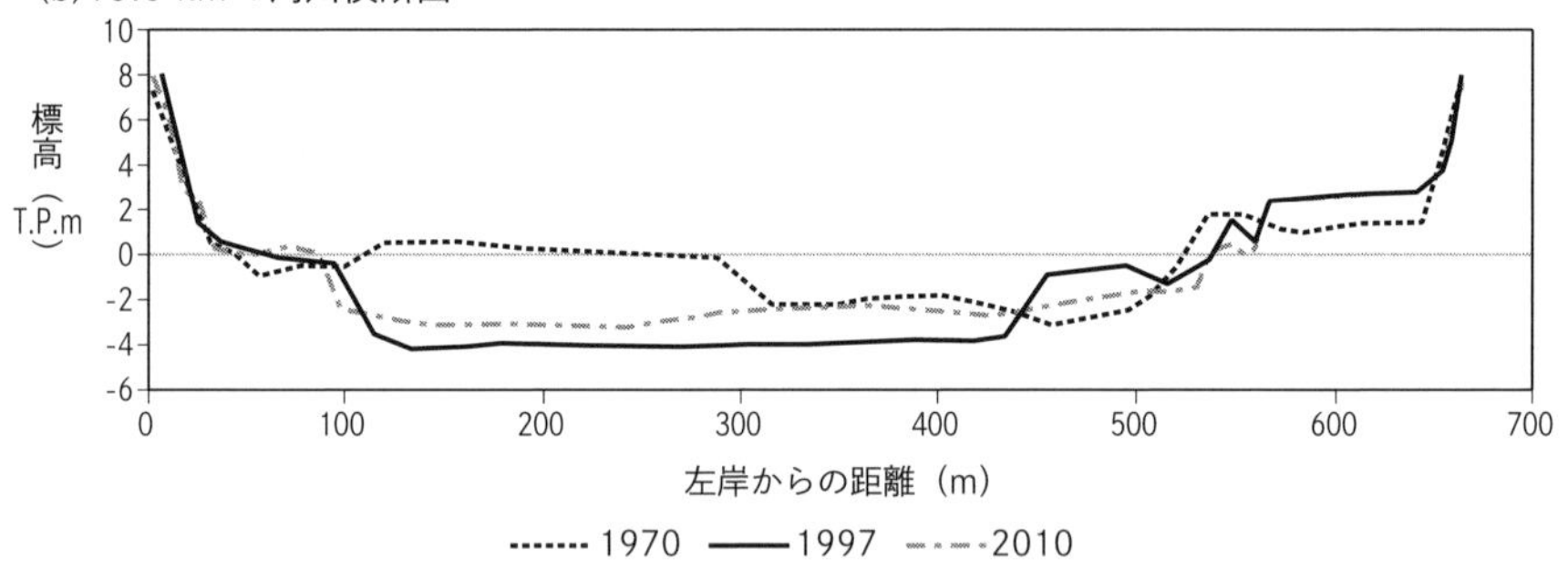

図2　浚渫区間の平均河床高および15.0 kmの河川横断面の経年変化
出典：国土交通省中部地方整備局提供データから著者が作成

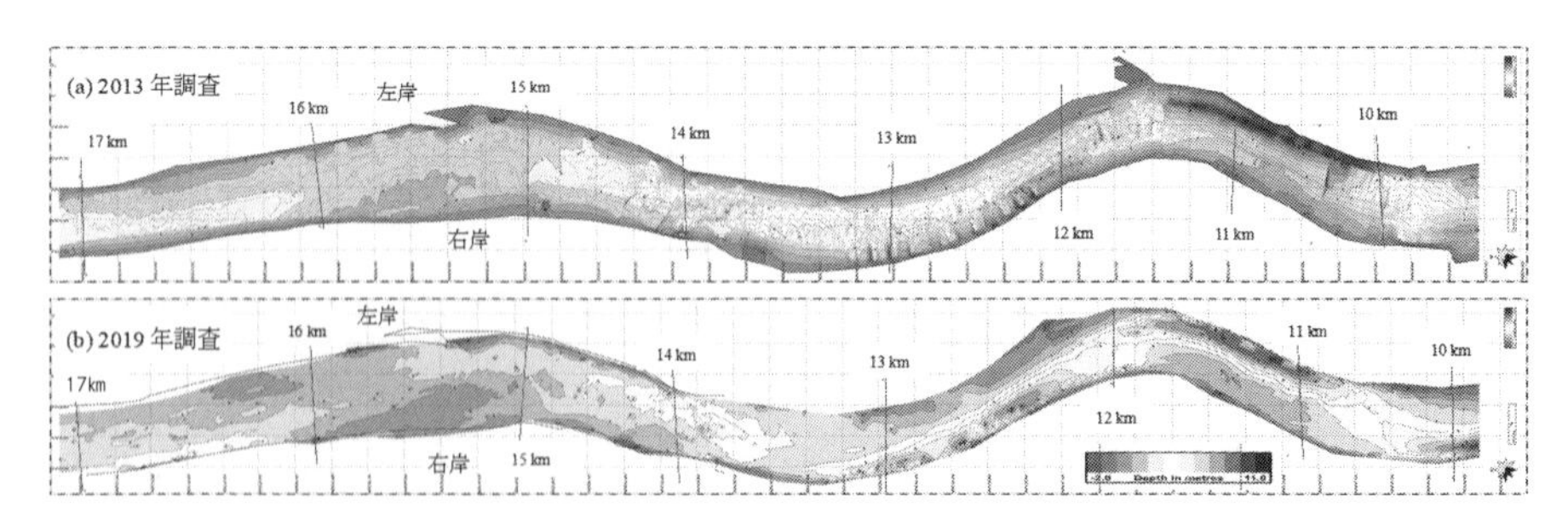

図3　2013年と2019年の河床状況の比較（10～17km）
(a)2013年調査（愛知県長良川河口堰最適運用検討委員会塩害チーム独自調査）
(b)2019年調査（愛知県委託調査）
出典：愛知県「第15回愛知県長良川河口堰最適運用検討委員会資料」（2019年）

が見られ、マウンドが再形成されつつある。しかしながら、国の横断測量は、縦断方向に河口から２００m間隔で定期的に測量されているが、その地点間の河床状況の詳細はわからない。そのため、愛知県長良川河口堰最適運用検討委員会塩害チーム（今本博健・藤井智康・大橋亮一）では、２０１３年にマウンド周辺の河床状況を明らかにするためにＧＰＳ魚群探知機による調査を独自に行ない、また、２０１９年には6年後の状況を把握するために、愛知県の委託業務として同様の調査を実施した。図３-(a)のように２０１３年には、15～16㎞付近の右岸に水深が浅い箇所が認められ、横断方向の平均河床高も15㎞より下流、あるいは16㎞より上流で高くなっており、河道中央部にやや浅い澪筋が存在していた。図３-(b)のように２０１９年では、２０１３年と比較して同区間の右岸で水深がより浅く、範囲（色が濃い部分）も拡がっていることから、堆積傾向にある。このように、愛知県独自の調査によれば、河口から11～16㎞では、水深が深い部分は土砂が流出傾向でより深く、浅い部分は堆積傾向でより浅くなっており、澪筋が鮮明になっていることが明らかとなっている。

３. 塩水遡上シミュレーションの結果と実測値

塩水遡上の形態は、河川工学の教科書で説明されているように、河川水と海水の混合状態から弱混合型（塩水くさび型）、緩混合型、強混合型の３つの型に分類される（図４）。しかし、実際に塩水遡上の観測を行なうと、潮汐の状況（大潮・小潮）、河川流量などさまざまな条件によって出現する形態は複雑である。河道の浚渫により、河口から何㎞まで塩水が遡上するのか、あるいは遡上した塩水先端部の塩分濃度がどのような濃度になるのかの予測は、数値計算（シミュレーション）に頼らざるを得ない。

堰建設前の塩水遡上の実態については、公表されているものが少なく、１９６６年の京都大学防災研究

弱混合型（塩水くさび型）

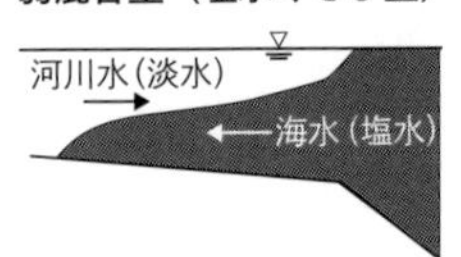

緩混合型

強混合型

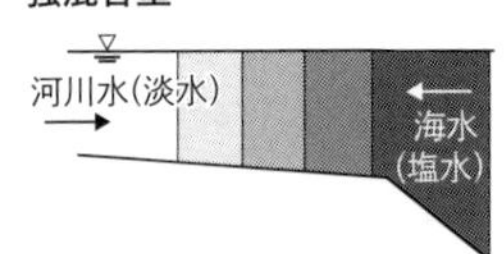

※図中の海水の濃淡は，色の濃いところほど高塩分を示す

予測に用いた基本式（弱混合型）

$$\frac{dh_1}{dx} = \frac{1}{2} \cdot f_i \cdot \frac{h_1+h_2}{h_2(h_1^3 - h_c^3)} h_c^3 \qquad (1)$$

$$f_i = a\left(R_e \cdot F_{ri}^2\right)^{-\beta} \qquad a, \beta：定数 \qquad (2)$$

$$h_c = \left(\sqrt{q_1 / \varepsilon g}\right)^{1/3} \qquad (3)$$

h ：各層の厚さ
ρ ：密度
q_1 ：単位幅当たりの流量
v ：動粘性係数
f_i ：内部抵抗係数
R_e ：レイノルズ数（$=q_1 / v$）
F_{ri} ：内部フルード数（$=\sqrt{q_1^2 / \varepsilon g h_1^3}$）
ε ：$(\rho_2 - \rho_1) / \rho_1$
h_c ：限界水深
g ：重力加速度
添字1：上層、添字2：下層

図4　塩水遡上形態と予測に用いた基本式
基本式については、建設省河川局・建設省土木研究所・水資源開発公団「長良川河口堰に関する技術報告」（1992年）より引用

所の調査（奥田節夫・京都大学名誉教授）によれば、塩水は流量が少ない時期には、最大で河口から20km、流量が多い時期でも、おおむね10kmまで遡上していた。また、堰運用前の1994〜1995年の国の調査によれば、塩水は15〜20kmまで遡上し、塩水先端部の塩化物イオン濃度（Cl^-）は20mg／ℓ（塩分濃度0・036‰：海水の1000分の1程度）であった（建設省中部地方建設局ほか「長良川河口堰調査報告書第4巻」［1995年］参照）。これらの結果から、堰建設前はおおむね河口から20kmまで塩水が遡上していたことになり、マウンドで塩水が止められていたという国の説明と実測とが異なっている。

では、塩水遡上の予測は、どのようにして行なわれたかであるが、塩水遡上距離が最大となるのは弱混合型の満潮時であり、予測に用いられた基本式は河川工学では一般的なものである（図4の基本式参照）。ただし、内部抵抗係数（淡水と塩水の境界面の流れの状態によって変化する値：図4の(2)式）を表わす数式中の定数（αやβ）は、塩水遡上距離や塩分濃度を予測するのにきわめて重要であり、観測によって得られた実測値と計算値がどの程度一致しているかを慎重に検証し、決定されるべき定数である。国によれば定数βについては、既往文献より3分の2とし、定数αについては、0・4とすると長良川の弱混合型に近い観測結果を再現できるとして、定数が決定された。この定数を用いて、浚渫後の計画河床、河川水位をTP＋0・64m（小潮時の平均満潮位）、渇水流量を30㎥／秒、ε（上層と下層の密度の違い）を0・026として、計算すると河口から30㎞付近まで塩水が遡上すると予測された（建設省河川局ほか「長良川河口堰に関する技術報告」〔1992年〕参照）。

このように、浚渫後の塩水遡上距離を30㎞と予測しているが、国が説明に用いている「技術報告」には詳細な計算結果と実測値は示されておらず、どの程度、実測値と計算値が一致しているかはわからない。この定数が少しでも違えば遡上距離の予測も数㎞は変わるため、さまざまな観測結果と予測された数値および遡上形態がより一致するものを明らかにし、定数を決定する必要がある。当時、3次元の予測は研究段階であったが、現在は3次元シミュレーションが一般的であり、遡上距離などをより詳細に予測することは可能であろう。

4．「塩水遡上＝塩害」ではない

「塩水が遡上すること」と「塩害が発生すること」は違っている。塩害の発生や取水に影響を与えるかどうかは、塩水の遡上形態とその先端部の塩分濃度、取水する水深や時期などが問題となる。浚渫により河口から30㎞まで塩水が遡上し、塩害が起こると説明されているが、堰建設前も塩水は20㎞付近までは遡上しており、いつも塩害が起きているわけではない。

長良川では、工業用水であれば塩化物イオン濃度は、20mg／ℓ（塩分濃度0・036‰）以下、水道水であれば、200mg／ℓ（塩分濃度0・36‰：海水の100分の1程度）以下と定められている。また、灌漑水として水田であれば500mg／ℓ（塩分濃度0・90‰）が濃度の上限とされている。したがって、塩害を考えるには河口から何km まで塩水が遡上するのかだけでなく、横断方向の塩分濃度がどのように変化しているかも重要となる。たとえば、取水する水深よりも深いところに塩水が遡上しても、それよりも浅いところが淡水（真水）あるいは塩害とならない塩分濃度であれば問題ないと言える。また、河口堰建設前は、川の上層の真水を取水する「アオ取水」によって農地の水は確保されていたとされ、塩水遡上＝塩害ではないことに注意しなければならない。

5．塩害を防ぎ、生態系のダメージも最小限に

河川の流下能力を増加させることは、洪水を防ぎ人々の命を守るためにも重要である一方で、河口堰建設によって失われた河川生態系や水環境をどのように取り戻すかを考えることは重要である。長良川は、淡水域、汽水域、塩水域があり、それぞれの水域に独自の生態系が存在しているのが本来のすがたであり、生態系や水環境の復元には河口堰の治水だけの運用ではなく、環境面も配慮した弾力的な運用が望まれる。

現状、河口堰を開門していない状況では、予測された数値が正しいか、間違っているかの判断や開門したら本当にどこまで塩水が遡上するのかはわからない。当時は研究段階であったシミュレーション技術は格段に進歩しており、現在の長良川の河床地形などを数値計算のモデルに取り入れた3次元シミュレーション（河川の縦断方向、横断方向、鉛直方向の予測）を行なうことで、堰の開閉による遡上距離の違いや水質変化の予測も可能である。これにより、堰の開閉の最適な運用の検討ができれば、塩害を起こさず、

汽水域の復活などさまざま検討ができるであろう。

近いうちに、南海トラフ地震などが起こることが予想されており、大規模災害による堰の倒壊や津波の襲来などによって堰の運用ができなくなった場合や、気候変動に伴う短時間強雨や大雨の強度・頻度の増加、台風の強度や高潮の増加など自然災害リスクが高まってきていることを想定し、「堰を開ける、開けない」という議論だけでなく、将来のことを見据えた生態系や水環境の保全など持続可能な検討が早急に必要である。

伊勢湾の漁業・環境と河口堰

鈴木輝明（すずき てるあき）

長良川河口堰による伊勢湾の生態系への影響を直接調査・解析した結果は残念ながら今のところない。しかし近年の漁業不漁問題に関連して愛知・三重両県の漁業関係者は長良川河口堰も海面漁業に悪影響を与えているのではないかと危惧しており、強く実態調査の実施を要請している。本章では伊勢湾・三河湾の水産資源と環境の現状、それに与える長良川河口堰の影響の可能性について私見を述べてみたい。

1．急激な漁獲の減少と貧酸素化・貧栄養化

伊勢湾・三河湾の海洋生態系は近年大きく変化し、漁業生産は顕著に減少してきている。たとえば有明海や播磨灘とともに全国有数の生産海域であるノリ養殖は栄養不足による色落ち現象が顕著となり、生産金額も従事者数も大きく低下している。日本最大の漁獲を誇っていた愛知県のアサリも2万t程度あった漁獲が2017年には1600t程度にまで落ち込んだ。伊勢湾の春の到来を告げる伝統的なイカナゴ漁は2016年以来、資源保護のため禁漁が続いているが残念ながら現在まで資源回復の兆しはない。北海道に次ぎ操業数の多い小型底曳網の漁獲も例外ではなく、主要な対象種であるシャコをはじめとする甲殻類やアナゴなどは大きく減少している。

これら近年の水産資源の急激な減少の理由は何なのだろうか？

従来から水産資源の主な減少要因は夏季に底層を中心に発生する酸素の減少（貧酸素化）であるとされてきた。貧酸素化は陸域からの親生物元素（窒素、リン）が都市人口や産業規模の増大に伴い海域に過大に流入して植物プランクトンの異常増殖（いわゆる赤潮）を引き起こす「富栄養化」が原因であるとされてきた。その対策のため、１９８０年から化学的酸素要求量（ＣＯＤ）とともに、総窒素（ＴＮ）、総リン（ＴＰ）の水質総量規制が実施され陸域からのこれらの流入量は大幅に削減されてきた。海域の濃度（図１）を見るとＴＮ、ＴＰともに大きく減少していることがわかる。これに伴い植物プランクトン量（クロロフィルaおよびフェオ色素として測定）も大きく減少している。

このような流入負荷の削減により海域の貧酸素化は抑制されたのであろうか？

残念ながら貧酸素水塊の分布面積は長期的には伊勢湾では増加傾向、三河湾では横ばいから微増傾向で減少傾向はまったく見られていない（図２）。

この一見矛盾した現象の理由は内湾生態系が持つ特徴的な物質循環にある。そもそも内湾は多くの河川が流入することからエスチュアリー循環（海の表層水が湾の奥から湾の外に流出し、底層水は湾の外から湾の奥に流入する流れの二層構造）が発達する。このため河川や底層から供給される豊富な栄養塩を基に常に高い植物プランクトン生産が維持される。内湾河口域に広がる干潟や浅場はこの高い植物プランクトン生産を二枚貝類などの高次の動物群集の生産に転換する機能を持っている。換言すれば貧酸素化の原因となる赤潮を有用な水産生物に変えてしまう機能（水質浄化機能）と言ってもよい。しかし干潟や浅場は、とくに１９７０年代以降、港湾整備に伴う埋め立てや浚渫により大きく失われ、この状況は現在までほとんど改善されていないばかりか逆に進行している。伊勢湾・三河湾の貧酸素化が改善されないのは干潟や

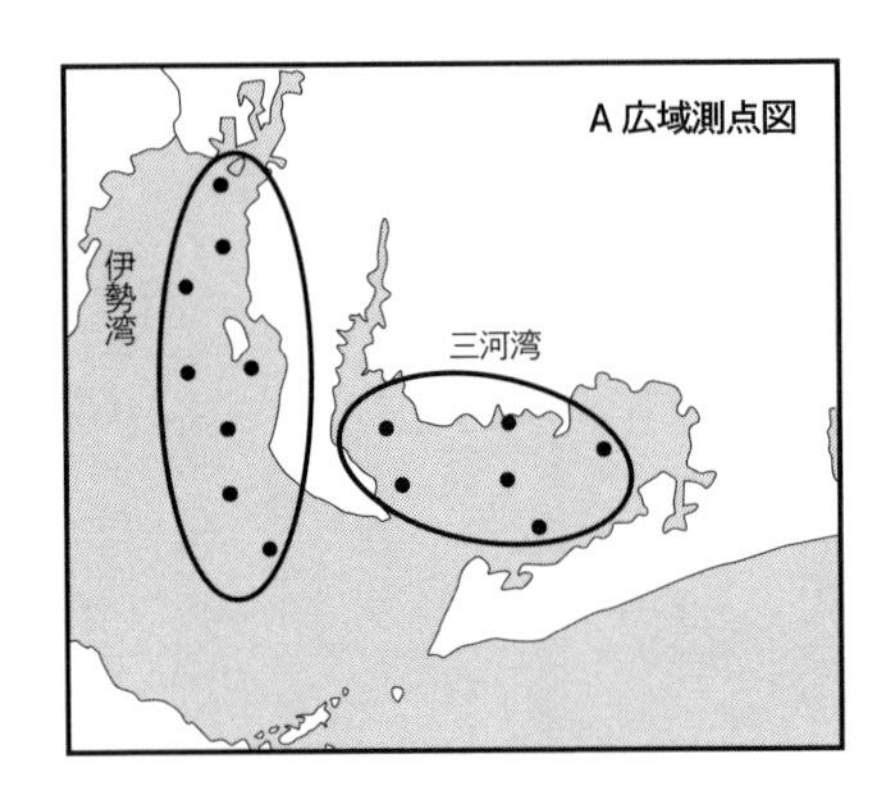

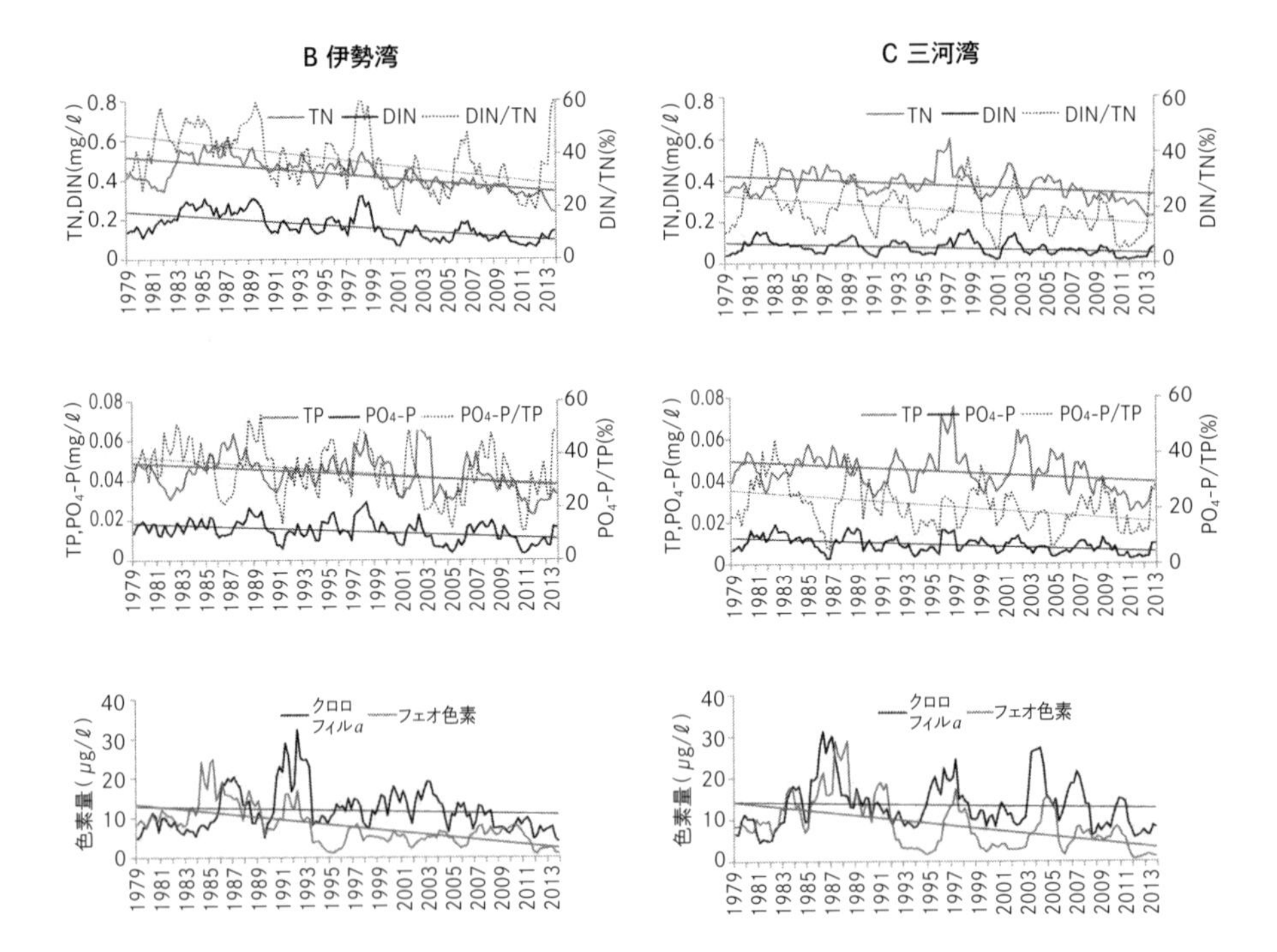

図１　伊勢湾・三河湾における各態窒素・リンおよび植物プランクトン色素量（クロロフィル*a*および フェオ色素）の経年変化

A：広域測点図、B：伊勢湾における経年変化、C：三河湾における経年変化

TN：総窒素、DIN：溶存無機態窒素、TP：総リン、PO_4-P：リン酸態リン

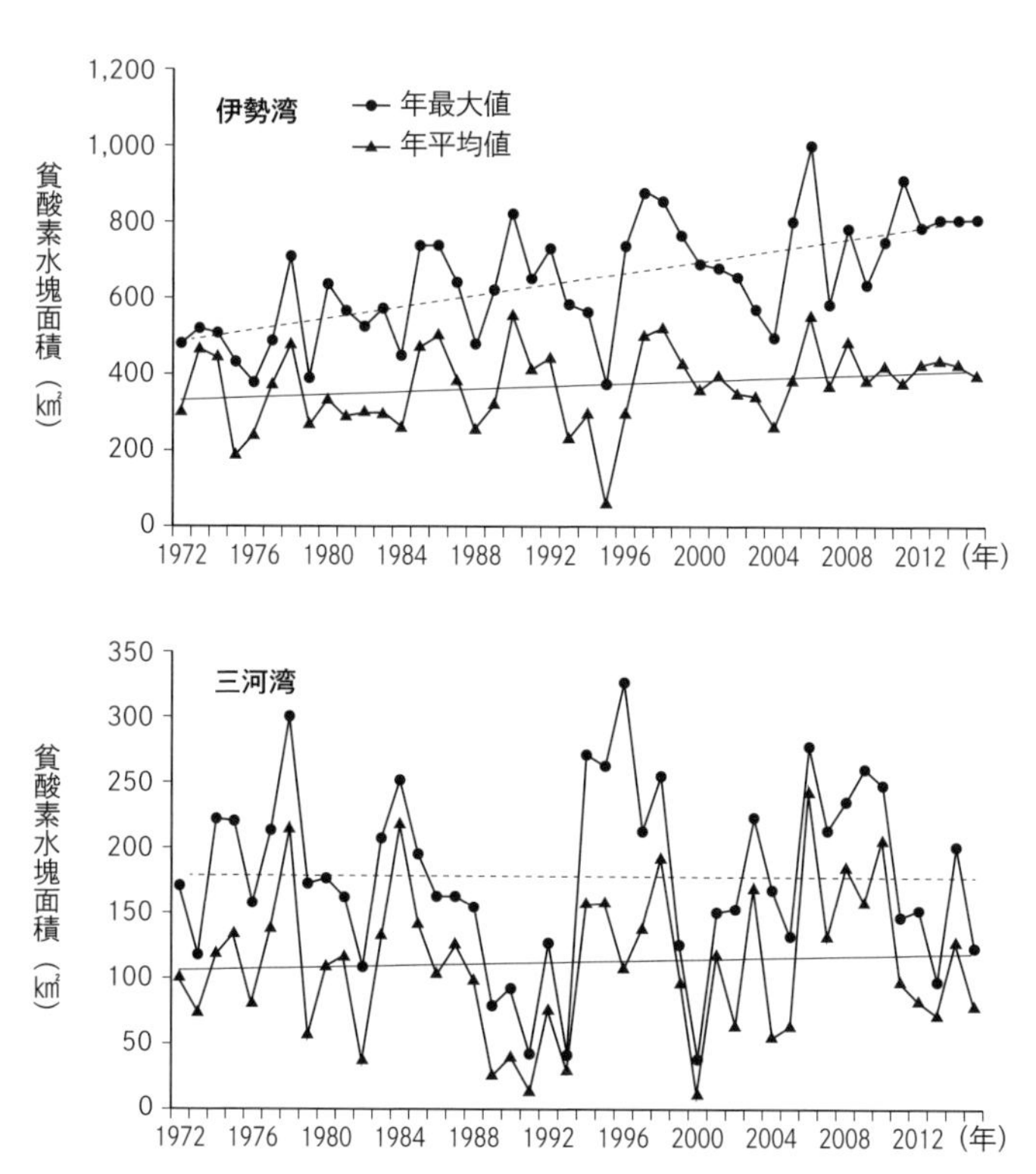

図2　伊勢湾・三河湾における貧酸素水塊（DO飽和度30%以下）面積の推移

浅場が埋め立てや浚渫により大きく失われてきたことが主因にもかかわらず、流入負荷の増大であると見誤ったためと考えるのが妥当だろう。

貧酸素化が改善されていないのはこのような干潟や浅場の面的な喪失だけではなく、富栄養化対策として実施されてきた水質総量規制などにより植物プランクトンが減少し、その結果、それを餌料とするアサリなど二枚貝類の生息が困難になったことにもよっている。さらに伊勢湾の流況の変化も検証する必要がある。河口堰やダムなどの河川構築物は海域に流入する河川水量を減少させ、エスチュアリー循環を弱めることで海域の栄養塩濃度の低下を助長したり、湾内への酸素の供給を減少させたりしている可能性も否定できない。湾全体の生物生産が栄養塩不足により低下する現象を「貧栄養化」

というが、貧栄養化は貧酸素化と表裏一体の関係がある。

2．河口堰の伊勢湾への影響の可能性

伊勢湾の貧酸素化と貧栄養化という二つの問題に関して河口堰はどのような影響を与えているのか？という視点で現状を見ると以下のような可能性が考えられる。

①取水に伴う河川流量の低下や堰操作による河川流量の連続性が断たれることにより河口域および伊勢湾奥部・湾央部の流動やエスチュアリー循環が弱化し、栄養塩流入量の減少のみならず湾奥から伊勢湾全体への栄養塩拡散が阻害される。

②堰により堰上流部の滞留時間が増大し、海に流入する窒素、リンが植物プランクトンやノリなどの海藻類に利用される溶存無機態から、直接利用できない有機懸濁態に転換し、それにより海域の一次生産が低下する。

③フラッシュ操作（一時的に堰放流量を増大させる）に伴い堰上流域および堰付近に沈降した懸濁態有機物が一気に流下し、海域側の貧酸素化や透明度などの水質の悪化を助長し、河口域の生物生産機能を低下させる。

④堰上・下流の底泥の有機化、細粒化が進行することで二枚貝類の着底に支障をきたす。

⑤着底したばかりの稚貝の成育・生残にはピコ・ナノサイズの微細植物プランクトンが必須であるが、これらは汽水域のような低塩分域を好む傾向があるためこれらの増殖が妨げられる。

これら海域への影響可能性については堰建設以前の環境影響評価でもその後のモニタリングでも科学的な手順で明らかにされているわけではない。しかしその可能性について過去の河川側での調査結果からそ

の一端を推察することもできる。

河口堰の上流では植物プランクトン（クロロフィルa）が増加（培養実験から時に30〜60μg／ℓ）傾向にある。また溶存酸素量（ＤＯ）は河口堰上流で運用開始後徐々に増加、運用開始時は河川Ｂ類型の５㎎／ℓを下回ることはなかったが、運用後は河川Ａ類型の７・５㎎／ℓに上昇している。上流のＤＯが経年的に上昇していることは一見問題がないように見えるが、ＤＯの上昇は河川水の滞留時間の増大により河川内での植物プランクトン生産が増大している証拠であると見て間違いない。このことは上述②で指摘したように、堰上流で無機態栄養塩が消費され懸濁態化し、下流域の貧栄養化、貧酸素化の原因になる可能性を示唆している。海域にとって堰上流域で植物プランクトンの増殖が常態化することは大きな問題である。

長良川河口海域の底層ＤＯは貧酸素化が常態化しているが、これにも上述③のように河口堰建設が影響している可能性がないとは言えない。

下流域において河床の細粒化が報告されている。事業者はもともとの現象であり堰の建設によるものではないと述べており、仮に細粒化や有機物含量の増加が生じたとしても堰のフラッシュ操作で解消されるとしている。細粒化や有機物含量の増加が生じることは堰上流の植物プランクトンが増加し、ＤＯが上昇していることなどから明らかであり、堰の操作で堰の上流や堰付近で一時的に解消されてもこれが堰下流に輸送され海域の貧酸素化を助長する可能性がある。堰が存在するかぎりフラッシュ操作により一時的に下流に移送されてもすぐにまた堆積する可能性が高く、慢性的に海域の貧酸素化を助長している可能性は否定できない。

3. 河口域はアサリなど二枚貝の成育に重要な場

上述④⑤の危惧は漁業や水質浄化機能にとっても重要である。アサリを主体とする二枚貝類の成育にとって河口付近の汽水域はきわめて重要な場である。長良川河口域においては河口堰建設以前に二枚貝類の集中的な調査は行なわれていないが、三河湾東部に注ぐ一級河川である豊川の河口に位置する六条潟は伊勢湾・三河湾最大のアサリ稚貝発生海域であり近年多くの調査が実施された。その結果、稚貝の大量発生は河口域という特殊な物理環境での特徴的な現象であることが明らかになってきた。一般的に秋に生まれた浮遊幼生（図3）から着底したばかりの稚貝（200〜300μm）が海で冬を越すことは容易なことではない。着底したばかりの小型の稚貝はエネルギー蓄積が小さく、かつ、細い水管径に見合うきわめて小型の植物プランクトンしか摂餌できないため、水温が低く植物プランクトンの増殖が少ない冬は着底稚貝にとってきわめて厳しい環境だからである。それにもかかわらず豊川河口域では春以降アサリの稚貝が毎年大量に発生する。

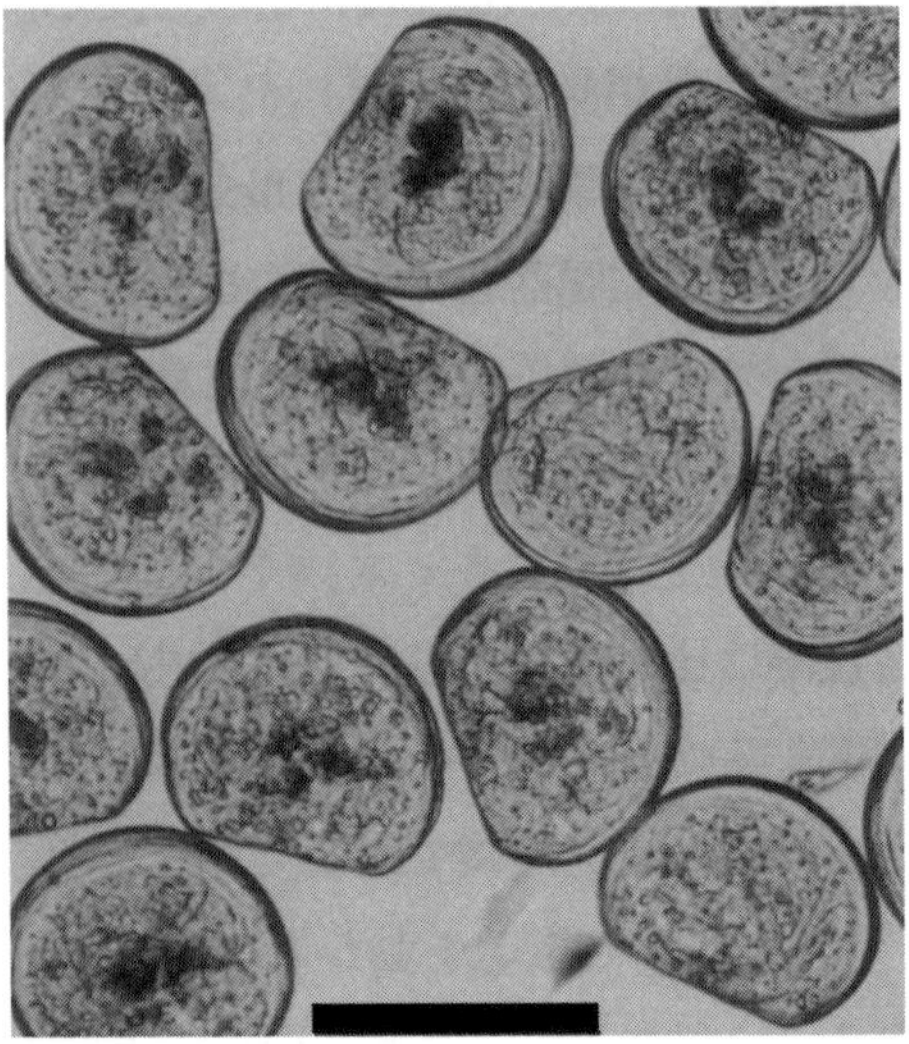

秋に河口域に着底した稚貝は、河口域特有の流れによって海域よりも水温が高く、また着底稚貝が摂食可能な小型（0・2〜10μm）で殻の弱い植物プランクトン（アサリのベビーフード）が増殖する豊川河口部やそのやや

図3　アサリ浮遊幼生
D状期幼生と言われる初期のもの
黒いバーは100μmを示す

上流の感潮域に移送・集積し、そこで成育が困難な冬でも速やかに成長する。成長した稚貝は餌となる植物プランクトンのサイズや種類選択の範囲が広くなり、春の訪れとともに起こる出水などの物理的攪乱によって一気に狭い河口部や感潮域から六条潟を含む河口域全体に生息域を広げ、同時に供給される豊富な栄養塩類により植物プランクトンが増殖し大量の稚貝現存量が維持される。

このような稚貝の大量発生現象は河口生態系に特有な物理環境の賜物と言えよう。豊川と長良川は同じ伊勢湾・三河湾に注ぐ一級河川であり、河口域に広大な干潟や浅場が広がっている点では、きわめて類似している。長良川は河口堰の建設以降、シジミと同様、アサリなどの二枚貝類も大きく減少したが、豊川河口域における稚貝大量発生のメカニズムと類似した生産機構が喪失したことによっていることは想像に難くない。

漁業者は堰の存在により海域への栄養塩供給が質的・量的にどのように変化し漁業に影響を与えているのかを早急に検証し対策を講じることが、貧栄養化、貧酸素化問題の解決に資することを指摘し、国、県の関係機関に調査を要請している。

社会経済構造の変化に対応した水の使い方

富樫幸一（とがしこういち）

1. 水需要の過大予測を繰り返してきた「フルプラン」

愛知県、三重県、岐阜県と、上流の一部は長野県南西部にまたがる木曽川水系は、１９６５年に水資源開発促進法による指定水系となり、68年には最初の水資源開発基本計画（以下、フルプラン）が策定された。高度経済成長期におけるコンビナートの工業用水道や、名古屋を中心とした都市化の急激な進展による水道用水の急増に対応するために、１９７３年には最初の全部変更が行なわれている。68年計画で木曽川総合用水と長良川河口堰、73年計画ではさらに徳山ダム、阿木川ダム、味噌川ダムの水源開発が盛り込まれている（図１）。

ところがこの１９７３年は第一次石油危機が起こった年であり、コンビナートの拡張にはストップがかかった。全国的に見ても京葉臨海や鹿島などで、１９８０年代前半には工業用水道の計画は大幅に縮小されていたのである。それにもかかわらず、85年のＧ５による円高や日米構造協議による公共投資の大幅な拡大の中で、88年に長良川河口堰の本体工事が着工されてしまう。四日市でも石油化学コンビナートの増設は止まっており、三重県は河口堰の水が不要であることを主張して、木曽川総合用水と河口堰のそれぞれ２㎥／秒を愛知県と一部は名古屋市（木曽川総合用水の０・１㎥／秒）に譲る妥協をしたことが、桑名の赤須賀漁協への補償合意とともに本体着工の一因となった。こうした都市用水の需給構造の変化の中で、河口堰が本当に必要な公共事業なのかが問われたのである。

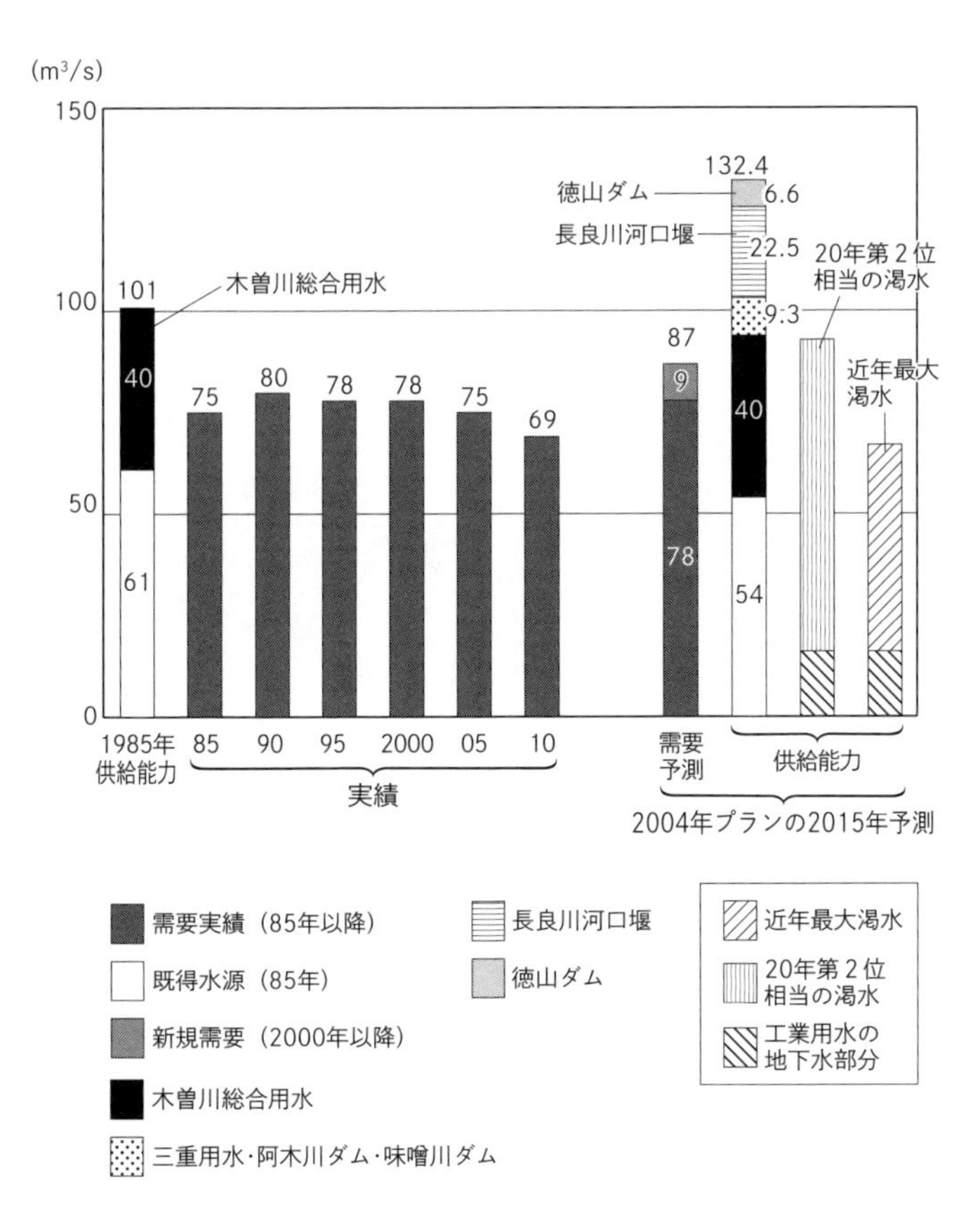

図1　木曽川水系フルプランの過剰な水源開発
資料：木曽川水系フルプラン、水道統計、工業統計表

2．河口堰の開発水は1割しか使われていない

１９７０年代までは名古屋市の水源が不足していて、木曽川に暫定水利権が設定されていた。愛知用水系でも阿木川ダム（91年完成）、味噌川ダム（96年）が完成する前はここでも暫定水利が残っていた。「暫定水利」とは、ダムなどが完成する前に、増大していた需要をまかなうために、毎年、更新するかたちで、河川から一時的な水利の許可を得ることをいう。これに対して、農業用水のように歴史的にかたちづくられてきたままのものを「慣行水利権」、水源施設によって安定的に供給できて導水・浄水・配水の施設があり、実際に使われるものを「許可水利権」という。

木曽川総合用水（39・56㎥／秒）の岩屋ダム（76年）と木曽川大堰（83年）などが完成した時点で、実際にはその約半分しか需要が発生しておらず、一転して大幅な水余り状態に陥っていた。そのため「開発水量」として供給が可能となっていても、実際の水需要の増加はなかったために、導水・給水などの専用施設の拡張が止まっていた。工業用水と水道用水の「許可水利権」（26㎥／秒）は大幅に下回り、現在の実際の取水量は約20㎥／秒にすぎない。この時点で、「未利用の開発水量」、つまり「ムダな水」が大量に余る状態に陥っていたのである（表1）。

２００４年のフルプラン変更では、これを説明しようとして、ダム・河口堰の開発水量を、事業計画よりも渇水、異常渇水を強調して過小に評価する操作が行なわれた。水源施設の計画は、10年に一度の渇水でも供給できるようにつくられる。図1でいえば、20年第2位相当の基準である。国交省は「少雨化傾向」にあるからと述べていたが、そのような事実はない。高度成長期には木曽川総合用水や長良川河口堰の開発計画は「過大な」評価に基づいており、今度は一転して「過小な」再評価が行なわれた。

表1　木曽川総合用水、長良川河口堰、徳山ダムの過大な水源と転用　（単位：㎥／秒）

水源施設	開発水量		県市別	当初計画	計画の縮小・見直し			備考　【 】内は水利権見直し（2009年）
木曽川総合用水	39.56							
	水道用水	19.13	岐阜県	0.97		可茂上水道用水供給事業	0.80	【東濃と中濃の水余りのため、落合ダム1.9 → 1.642、川合ダム0.4 →0.3まで岩屋ダム、超える分は阿木川・味噌川ダム】
			愛知県	5.32		愛知県水道用水供給事業（尾張）	1.90	
			名古屋市	11.84		名古屋市水道事業	0.10	（導水路・拡張計画がない）
								【犬山第二8.3 →5.674 岩屋ダム・木曽川総合用水】【朝日取水口4.14 →2.256】
			三重県	1.00		北勢水道用水供給事業		
	工業用水	20.43	岐阜県	5.13	4.33	可茂工業用水道事業	0.18	低稼働率、一般会計償還済
			愛知県	6.30		尾張工業用水道事業	3.78	【濃尾第二3.78 → 2.01】
						名古屋臨海工業用水道事業	2.52	未利用に
			三重県	9.00		北伊勢工業用水道第4期	4.50	【7.0 → 5.38】
						残り4.5の内の2（工業用水道事業は中止、水道の暫定水利を河口堰に振替え）		0.5利用、残りは未利用
長良川河口堰	22.50							
	水道用水	7.70	愛知県	2.86		愛知県水道用水供給事業（知多）		水質の悪化
			名古屋市	2.00				導水路・拡張計画がない
			三重県	2.84		北中勢水道用水供給事業	1.94	拡張中止、残りは一般会計負担
	工業用水	14.80	愛知県	6.39	8.39	水道転用	5.46	水道も拡張計画はない
			三重県	8.41	6.41	（三重県から愛知県、さらに工業用水道から水道へ）		未利用、一般会計負担
徳山ダム	15.00→12.00→6.60（1998年、名古屋市3.00撤退、2004年プランで6.60に）							
	水道用水	4.50	名古屋市	1.00				木曽川水系導水路（計画）
			愛知県	2.30				同
			岐阜県	1.20				西濃の事業計画がない
	工業用水	2.10	名古屋市	0.70				長良川経由で木曽川水系導水路の下流施設（計画）
			岐阜県	1.40				西濃の事業計画がない

資料：富樫幸一「長良川河口堰をめぐる利水構造の実態とゲートの開放」『自治研ぎふ』97号、p.7 ～ 27、2010年11月

木曽川総合用水の利水は、下流の成戸地点（海津市）における「河川維持流量」を50㎥／秒とする制限を受けていて、流量が少ないときに不足する分は岩屋ダムから補給される。ところが、木曽川水系河川整備計画（２００８年）では、この地点での「正常流量」を40㎥／秒としており、整合していない。この50㎥／秒を中部地方整備局は、木曽三川協議会（１９６４年）で「歴史的に決まった」としか言っていない。しかし、三川協の資料を復元したところ、40、50、60㎥／秒の３つの案でシミュレーションが行なわれていた。つまりこれは絶対的なものではなかったのである（富樫幸一「木曽川総合用水と長良川河口堰の利水計画の成立」『岐阜大学地域科学部研究報告』38、２０１６年）。そこで渇水時には、50㎥／秒を40㎥／秒に引き下げる運用を行なえば、岩屋からの補給量を少なくして、補給期間も延長することができるという代替案を提起している。

１９９４年渇水は、ほとんど梅雨の降雨がなかった例外的な年である。利水用のダムの水は「枯渇」したが、このときは発電用ダムからの放流に追加して、8月に農業用水から転用が行なわれたので、時間給水制限を避けることができた。渇水時の調整で対応が可能であったにもかかわらず、近年最大渇水の数値だけが２００４年プランで表記されている。愛知県内でも西三河の明治用水では、水道を優先して、工業用水道、農業用水で節水する対策を講じている。

73年プランでは85年を目標（１２０㎥／秒）としていたが、その年を過ぎてもフルプランの改定が行なわれない不自然な状況の下で、河口堰の本体工事が続けられていた。河口堰への反対運動が盛り上がる中で、北川環境庁長官が閣議でその点を指摘し、工事中の93年に２０００年を目標年とする全部変更がようやく行なわれた。

さらに河口堰の完成した後も、ダム事業の見直しが全国的に行なわれたにもかかわらず、徳山ダムすら着工されることになる（１９９８年）。また、その建設途中で事業費が大幅に超過していることが明らかになったなかで、２００４年にまたもや２０１５年を目標とする全部変更が行なわれた。徳山ダムの開発水量は15㎥／秒から、12㎥／秒（98年の名古屋市、３㎥／秒の部分撤退）、さらに６・６㎥／秒（２００４年）へと大幅に縮小された。徳山ダムの完成後、木曽川水系連絡導水路（長良川、木曽川へ）の計画が浮上したが、現時点ではまったく使われてない。

木曽川用水から知多への給水は、木曽川大堰で取水して尾張の西部を通り、名古屋港の海底水路を経由して知多浄水場に送られていた。愛知県はこれを長島（現桑名市）で取水する長良導水（98年完成、２・86㎥／秒、愛知県の長良川導水に接続）に取水元を切り替えただけである。愛知県の長良川河口堰最適運用委員会は、河口堰を開門調査して、木曽川系に再転換する可能性を検討してきている。

また、三重県も津市（旧久居市など）の中勢の水道用水供給用に、北伊勢工業用水道と一緒に長良川からの取水を行なっている（０・７３２㎥／秒）。このように愛知県と三重県を合わせて３・５９２㎥／秒から河口堰の利水があるのだとしているが、この水利権は当初計画の22・５㎥／秒に対してわずか16％に過ぎない。ほとんどの工業用水、水道用水用の分は「未利用の開発水量」として残っている。しかも、実際の取水量は約２㎥／秒で、わずか約１割にすぎない。豊富に余っている木曽川総合用水系で十分まかなえるのである。

３．なぜ水需要予測は絶えず失敗してきたか

なぜこうした事態になってしまったのだろうか。ダムや河口堰の計画は、上記のようにフルプランによる新規需要の予測に対して必要とされた水源施設の開発を定めている。

表2　尾張地域の需給想定調査の諸元と実績の乖離

			2000年	2015年予測	2015年実績	実績 - 予測
A	行政区域内人口	千人	2,799	2,951	2,963	12
B	水道普及率	%	99.8	100.0	99.7	
C=A × B	水道給水人口	千人	2,794	2,951	2,935	-16
D	**家庭用有収水量原単位**	**ℓ/人・日**	**254**	**260**	**235**	**-25**
E=D × C	**家庭用有収水量**	**千㎥ / 日**	**709.8**	**767.2**	**689.9**	**-77.3**
F	都市活動用水有収水量	千㎥ / 日	150.8	175.4	139.2	-36.2
G	工場用水有収水量	千㎥ / 日	45.3	50.5	40.3	-10.2
H=E+F+G	１日平均有収水量	千㎥ / 日	905.9	993.1	869.4	-123.7
I	有収率	%	91.8	93.5	92.6	-0.9
J=H/I	１日平均給水量	千㎥ / 日	986.6	1,062.2	936.3	-126
K=J/C	１人１日平均給水量	ℓ/人・日	353	360	319	-41
L	**負荷率**	**%**	**84.3**	**80.1**	**88.8**	**8.7**
M=J/L	１日最大給水量	千㎥ / 日	1,170.9	1,326.5	1,054.7	-272
N	**利用量率**	**%**	**99.2**	**91.6**	**99.6**	
O=J/N/86.4	１日平均取水量	㎥ / 秒	11.51	13.42	10.88	-2.54
P	１日最大取水量	㎥ / 秒	14.85	16.76	12.25	-4.51
	指定水系分	㎥ / 秒	14.53	16.57		
	その他水系分	㎥ / 秒	0.32	0.19		

資料：愛知県需給想定調査、愛知県の水道

需要を予測する方法として、まず工業用水道では、出荷額とそれに対する使用水量原単位（回収水を含む）、回収率（回収水を除いて必要な補給水量を求める）によってきた。しかし、工業出荷額が成長しても、用水多消費型の鉄鋼、石油精製、化学から機械系への産業構造の変化や回収率の上昇の結果、工業用水の需要は伸びない。一方、繊維産業などの衰退のために、地下水や工業用水道の使用量は減少してきた。

補給水量が横ばい、もしくは減少の中で、工業出荷額はバブル崩壊前までは、ある程度、成長していた。その結果、出荷額と補給水量は反比例の関係を示していて、その結果として原単位が低下してくる。国土交通省の全国的なフルプランの見直し（2020年）の中で、ようやくこうした事実を認めて、需要予測にあった問題点を認めた。

水道でも、人口、家庭用水、事業所用水の諸元をそれぞれ推計して、需要予測に当ててきた（表2）。人口は全国的には2000年代後半に減少に転じ

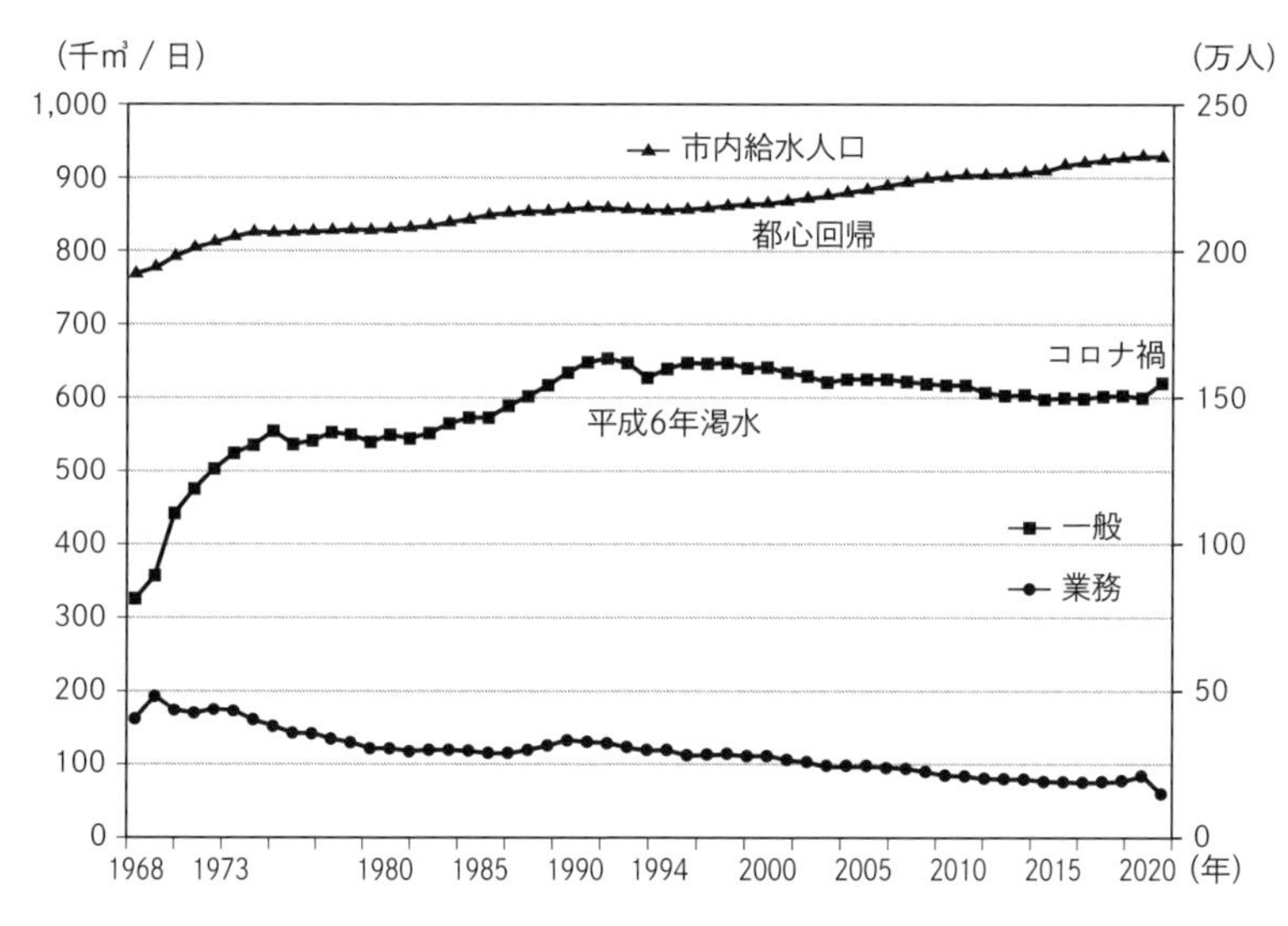

図2　名古屋市水道の一般家庭用と業務用の有収水量、市内給水人口
資料：名古屋市統計書

る。家庭用水も水洗トイレや洗濯機の節水型の普及によって原単位は下がってくる。名古屋市の給水区域（一部、市外旧給水を含む）を除いた尾張地域では、２０００年の２５４ℓ／人・日から２０１５年には２６０ℓへと増える予測に対して、この年の実績は２３５ℓまで減少していた。

事業所用水については、地盤沈下も落ち着いている中で、企業は節水に努め、さらに地下水利用を増やしている。名古屋市では都心回帰のために給水人口は増加している（図２）が、家庭用水の節水と、企業の節水と地下水利用のために、浄水場から配水する全体の給水量のピークは１９７５年の１２３万㎥／日だったのに対して２０２０年では82万㎥／日と３分の２まで減っている。

さらに、水道需要の増加を「ねつ造」するために二つの数値が操作されている。季節によって水道需要は変動するので、最大給水月は８月、最近は７月にピークが現われる。河口堰などの計画は年平均に対して最大「月」の平均の偏差をとるが、それを最

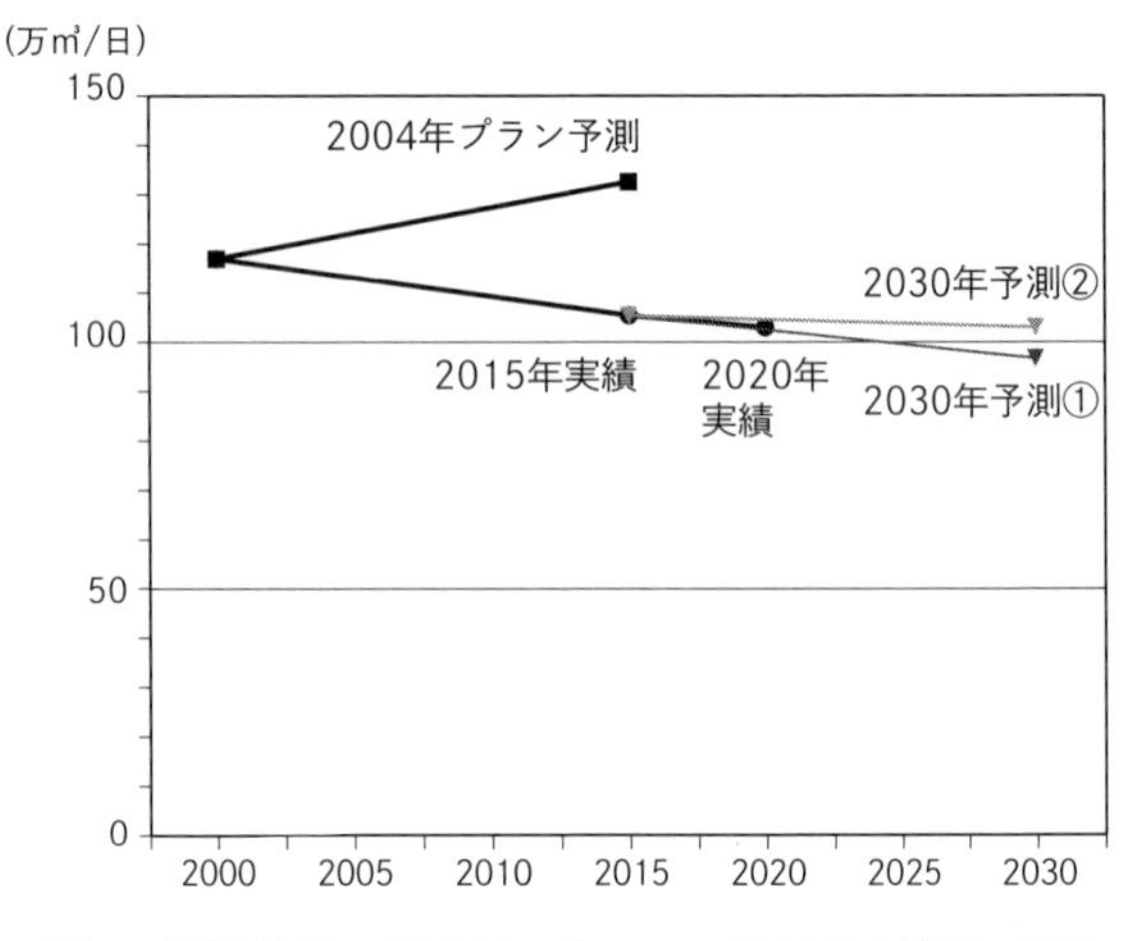

図3　尾張地域の2004年プランの2015年予測と実績、2030年予測
資料：愛知県需給想定調査、愛知県の水道、愛知県長良川河口堰最適運用検討委員会

大「日」に換えることで5％程度、数値が多めに取られる。日単位の変動を実際に見ると、7月の梅雨明けや梅雨の合間の晴れの日にピークが出る。つまり最大日が出るのは洗濯需要のためなのだが、節水型の洗濯機に十数年単位で買い替えられてくるので、このピークが落ちてくる。河口堰の計画でも、最大月と年平均の偏差は0・8と想定されていた。最大日と年平均の比、つまり負荷率が年々、上昇している。尾張では2000年の84・1％から2015年に80・1％に下がるという異常な想定に対して、実績は88・8％に上がっている。全国と同様の90％程度に負荷率は上昇してきている。これはその前の90年代の低かった数値を意図的に採用したためである。

もう一点は、取水してから導水、浄水を経て給水されるが、それが家庭や事業所でのメーターで計られる有収水量との比である。尾張では2000年の利用量率が99・2％だったにもかかわらず、これも数値の操作で2015年を91・6％と引き下げる設定だったが、その実績はやはり99・6％であった。このように、実態から離れた数値の操作によって、徳山ダムすら必要だという2004年プランがつくられていたのである。

当然、2015年の目標年で増加するという「予測」と、減少してきた実績に乖離が生じた。尾張地域で2000年の水道の最大給水量は117万㎥/日から、15年には133万㎥/日になるという予測に対して、同年の実績は105万㎥／日と逆に減少していた（図3）。

15年以降はフルプランも改定されていないので、河口堰の検討委員会では2030年までの独自の予測を行なった。尾張地域の場合は、標準的な国立社会保障・人口問題研究所の人口推計をベースとして、減少の傾向を延長した場合（②、103万㎥／日）と、政令指定都市でも節水対策に力を入れてきた福岡市なみの原単位のケース（①、97万㎥／日）を想定した。中間の2020年の実績103万㎥／日で、ケース①に近い傾向をたどっている。

4．水需要予測は税負担・使用料負担に直結

長良川河口堰の事業費は、71年の当初の事業実施計画で230億円、その後のインフレと地元対策の補償費の増加のために1500億円に跳ね上がり、さらに完成時では1840億円となっていた。差額の340億円は、河川の治水分に振り替えられている。ダムや河口堰の建設事業費は、木曽川水系でも、また全国的にもアップする傾向にあった。

事業費は、治水（洪水調節、不特定容量）と利水にアロケーション（費用配分）され、それぞれの費用便益が計算される。河口堰の場合は利水の発電はない。工業用水道と水道の料金上昇は避けたいために、実際に利用される水利権を除いた未利用の「開発水量」に対しては、一般会計からの貸付もしくは出資が行なわれてきた。地方公営企業としての用水・水道事業では、貸借対照表上で計上できないからである。自治体にとって、企画部などが担当する水源開発と、上下水道局（名古屋市）や水道計画課（愛知県）が二元化している。これは地方公営企業法違反であるとして、愛知県や三重県、岐阜県（徳山ダム）に対して住民訴訟を行なったが、残念ながらいずれも敗訴している。結局、未利用水については、自治体の一般

会計や、企業庁の公会計の「ムダ」な負担となっている。

愛知県や名古屋市の財政の企業庁の財政規模が大きいので、水源費の数%の負担はあまり表面化してはいない。徳山ダムの名古屋市の工業用水のように、金利負担を伴う23年償還は行なわずに、完成時に一括償還して、事実上、工業用水道事業を水道事業に統合することすら行なわれている。岐阜県の場合、徳山ダムの利水と治水の約1000億円の負担は大きく、県債残高が1兆3000億円を上回って、財政再建団体ぎりぎりの水準まで達していた。

5．ダム開発の限界と水道事業のダウンサイジング

2022年、西三河の明治用水における頭首工の破損事故や、和歌山市の水管橋の破断のように、高度成長期までに建設された施設における事故が続いている。40〜60年の耐用年数の経過や、耐震対策の必要性が水道事業にとって大きな課題となっている。愛知用水二期事業の水路改修、牧尾ダムの堆砂（たいさ）対策や、木曽川総合用水でも木曽川大堰の浚渫と木曽川右岸緊急整備事業など、数百億〜1000億円単位の維持更新費がかかってきている。

長良川河口堰でも、水門の故障がすでに起こっている。これから予想される南海トラフ系の津波や、さらに厳しいのはすぐ隣り合って養老〜桑名の断層群があり、天正地震（1586年）のような地震が起これば、河口堰は破壊されるか、沈下してしまうのである。

人口推計も実績のトレンドと、地方創生総合戦略で出生率と転出入率の想定による人口ビジョンは異なっている。ベースの人口推計にも2、3のケースの想定があるので、大阪市のように幅を持たせた方法もある。愛知県も2020年から人口減少に転じて、少子高齢化とともに、人口流出も起こっている。さ

らにコロナ禍は、名古屋への流入傾向を止めている。出生数の急激な低下の中で、仮にその回復があったとしても、260万人／年いた団塊の世代の死亡と、その第三世代が100万人以下まで切る傾向が続いており、仮に出生率の回復があったとしても下げ止まるには30〜40年はかかると見込まれている。

現在、人口の減少と節水による水道需要の減少と、施設の老朽化による更新と耐震化などのために、水道事業の経営は非常に困難な状況に直面している。職員数の削減や高齢化、アウトソーシング（コンセッション方式、指定管理、外部委託など）、広域化が非常に大きな問題となっている。これまでのようなムダな開発を続ける余地はまったくない。

それにもかかわらず、ムダな徳山ダムからの木曽川水系連絡道水路（890億円）、東三河の設楽ダム（2900億円）、長良川水系の内ヶ谷ダム（280億円から730億円へ）とまだ事業がストップできていない。自治体財政や、とくに国債依存度が余りにも高い国家財政にとって、ありえない負担となっている。1000兆円を超える国債残高から、プライマリーバランスの均衡の見通しは非常に困難である。それにもかかわらず、激甚災害対策として再び河川の浚渫やダム事業などの治水対策が復活してきている。「流域治水」とは、人命を守ることを最優先して、多少の氾濫を許しても被害をいかに少なくするかということである。500〜1000㎜の雨量の集中豪雨や台風がしばしば起こっているが、30〜100年規模の洪水をダムで防げるわけではない。

さらに前述のように、高度経済成長期に建設された水道などの施設が、50〜60年の耐用年数を迎えており、事故が相次いでいる。人口減少と節水化により給水量の売上げが減少していく中で、ダウンサイジングを図りながら、維持管理を続けつつ、やむを得ない料金の値上げを行ない、安定的な水道事業を継続していくのがこれからの基本である。人手や予算が不足する状況の中で、各地の水道事業は非常に厳しい状況に置かれている。

木曽川水系でも、すでに減少してきた取水量と、愛知用水や木曽川総合用水の改修を優先してきたが、無理に使用の事実をつくってきた長良川河口堰は、すでに水源としては不要となっており、ゲートの開門によって、維持管理や改修のコストの負担を避ける段階に入っていくべきである。

異常渇水にも対応できる新しい水利用秩序へ

伊藤(いとう)達也(たつや)

1．私たちはどのような社会を生きているのか

私たちは今、どのような社会に生きているのだろうか。わが国の人口は２０２１年に1億２５５０万人になった。人口がピークであった２００８年の1億２８０８万人から２５８万人減少した。２０２０年から２０２１年の1年間では64万人減少しており、これから減少幅はさらに拡大していくだろう（総理府統計局ホームページ「人口推計（２０２１年（令和3年）10月1日現在）結果の要約」）。

65歳以上の高齢者の割合が「人口の7％」を超えた社会を高齢化社会と呼び、「人口の14％」を超えた社会を高齢社会と呼ぶ。２０２０年10月1日現在、わが国の高齢化率は28・8％に達しており、高齢社会を定義する高齢者人口割合14％の2倍の値である。これは世界の中でも飛びぬけて高い値であり、高齢社会どころか、超高齢社会になっている。

人口減少や高齢化は、それだけでは必ずしも問題ではなく、今の日本の人口が多すぎるという考え方もないわけではない。しかし、人口減少や高齢化のスピードが速すぎて、対策が追いついていないとすれば、やはり、人口減少や高齢化のスピードを緩めて対処可能なレベルに落ち着かせる必要がある。その点から言えば、わが国は人口減少社会、超高齢社会、そして異次元の少子化社会に至っていると考えるのが適切

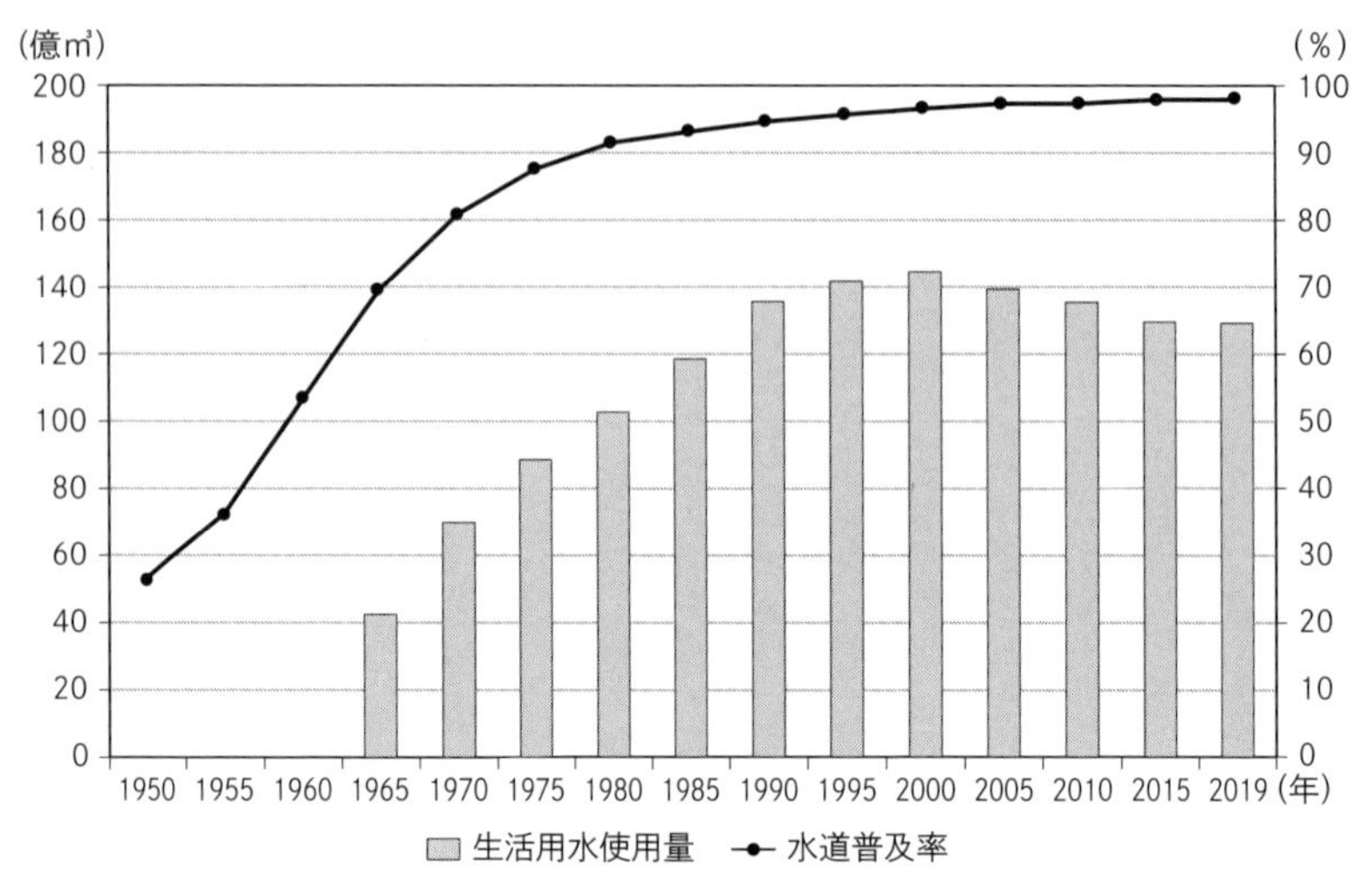

図1　生活用水使用量の推移と水道普及率の推移
資料：国土交通省ホームページ「水資源の利用状況」(2023年3月17日検索)

であり、その問題影響を緩和するために、あらゆる手段を講じる必要があるのではないか。

では、こうした社会状況の中でわが国の水資源管理・利用はどうあるべきか。ここでは都市用水の水使用の実態、将来の水使用、求められる水資源管理・利用のあり方について考えてみたい。

2．水道需要の減少

わが国の水道使用量は戦後、高度成長期を通じて急激に増加し、1990年代後半にピークを迎えた。その後、水需要は安定から低下傾向を示して現在に至っている(図1)。水道普及率は1950年、26・2％に過ぎなかったが、1960年53・4％、1970年80・8％と急上昇し、その後も1980年91・5％、2000年96・6％と増加を続け、2021年には98・2％に達している(厚生労働省ホームページ「水道普及率の推移」)。

水道部門の水使用量減少の理由は1人当たり水使用量の減少、中でも洗濯機など家電製品やトイレにおける節水型機器の普及が大きい。私たちの水使用に対する意識

表1　わが国主要都市における水道給水人口、1日平均給水量、1人1日平均給水量の変化

			1995年	2005年	2015年	2020年	1995～2020年の増減率（%）
東京都	給水人口	千人	10,797	12,185	13,210	13,592	25.9
	1日平均給水量	千㎥	4,718	4,427	4,181	4,222	-10.5
	1人1日平均給水量	ℓ	426	362	316	310	-27.2
横浜市	給水人口	千人	3,300	3,587	3,726	3,776	14.4
	1日平均給水量	千㎥	1,282	1,217	1,128	1,137	-11.3
	1人1日平均給水量	ℓ	388	339	303	301	-22.4
大阪市	給水人口	千人	2,595	2,630	2,697	2,754	6.1
	1日平均給水量	千㎥	1,497	1,329	1,121	1,090	-27.2
	1人1日平均給水量	ℓ	567	497	413	393	-30.7
名古屋市	給水人口	千人	2,233	2,313	2,427	2,457	10.0
	1日平均給水量	千㎥	872	818	762	760	-12.8
	1人1日平均給水量	ℓ	391	354	314	309	-21.0
札幌市	給水人口	千人	1,738	1,874	1,946	1,965	13.1
	1日平均給水量	千㎥	537	547	518	528	-1.7
	1人1日平均給水量	ℓ	306	291	266	269	-12.1
福岡市	給水人口	千人	1,259	1,388	1,535	1,609	27.8
	1日平均給水量	千㎥	382	406	404	417	9.2
	1人1日平均給水量	ℓ	303	293	263	259	-14.5

資料：日本水道協会ホームページ「水道統計総論　令和2年度」（2023年3月16日検索）

も影響しているが、わが国の工業技術が節水化に大きく寄与してきたと言えるだろう。その結果、水道用水の1人1日平均使用量は、1995～2000年度にかけて322ℓを記録したが、およそ20年後の2019年度には286ℓまで減少した（国土交通省ホームページ「水資源の利用状況」）。

これまで国土交通省などにより、水道需要の増加が一貫して叫ばれてきた。世帯人員の縮小、内風呂の普及、朝シャンの増加に加え、大都市では人口の都心回帰により、現在も人口が増加しているところが多く、それらが水消費の拡大要因として説明されてきた。しかし、表1から明らかなように、わが国の主要大都市では、1995年から2020年の25年間で、いずれも給水人口を増加させる一方、ほとんどの自治体で1日平均給水量を減少させている。名古

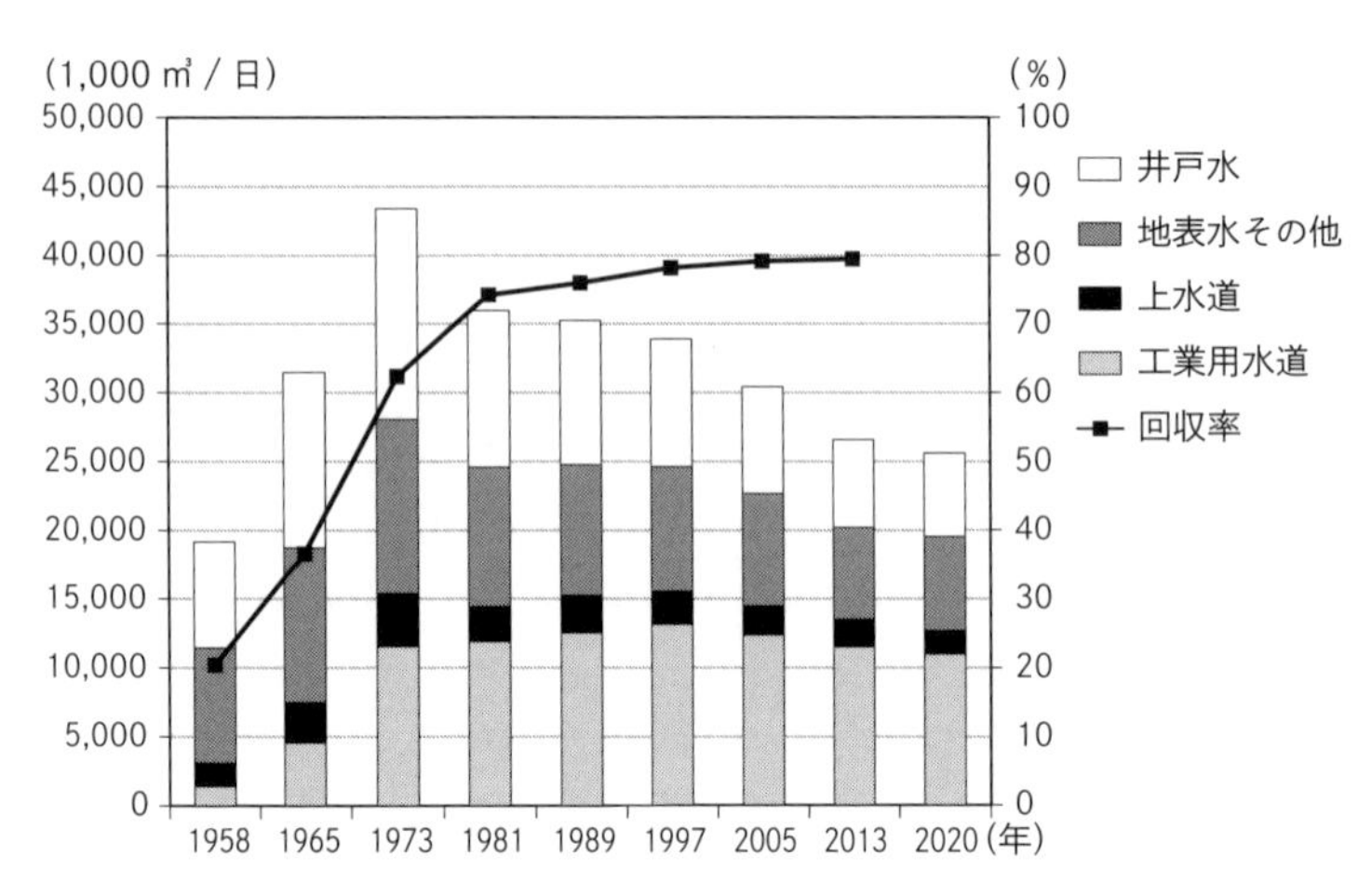

図2　水源別工業用水補給水量と回収率の推移
資料：経済産業省『工業統計表　用地用水編』各年度版、国土交通省水管理・国土保全局水資源部ホームページ「令和４年版　日本の水資源の現況」(2023年3月23日検索)、1958年度の数値は水利科学研究所編『工業用水資源』(地人書館、1962年) より引用

屋市のデータを見ると、この4半世紀、給水人口は10％増加したが、１日平均給水量は12・８％減少し、１人１日平均給水量は21％減少している。こうした状況は現在予測されるわが国の将来像が劇的な変化をきたさないかぎり、大きく変化することはないであろう。

３．工業用水需要の減少

工業用水需要の減少はもっと激しい。確かに工業用水使用量、工業用水補給水量（河川・地下水など自然界からの取水量）とも高度成長期に急増した。水源別補給水量の推移を見ると、１９５８年から１９７３年にかけてすべての水源が補給水量を増加させた（図２）。しかし、第一次オイルショックを経て、工業用水補給水量が低下傾向に転じて、すでに50年が経過している。

工業用水補給水量低下の最大要因は工場における再利用割合を示す回収率の上昇である。生産過程において省エネ、省資源が一般化し、少しの水を何度も使う生産工程が普及した。加えて用水型工業が成熟化し、非用水型の自動車・電子機器部門がリーディング産業になった。

工場の海外移転も大幅に進み、都市成長の軸も第二次産業から第三次産業に移り、中枢管理機能の集積状況が都市成長を支配するようになっている。

全国的傾向と同じく、木曽川水系の工業用水補給水量の減少も著しい。三重県が長良川河口堰に確保した工業用水水利権の使用見通しが立たず水利権の返上を申し出て、すでに30年以上が経過する。愛知県が長良川河口堰の工業用水水利権の多くを水道用水に転用して20年が経過した。残る工業用水水利権はいまだ使用見通しが立っていない。

これらの事実から言えることは明らかである。木曽川など、わが国の主要水系においてダム・河口堰など水資源開発施設の建設を前提に立てられた水資源開発基本計画（通称フルプラン）は、少なくとも21世紀に入る前から、その前提が根本的に間違っていたのである。１９９５年に運用の始まった長良川河口堰、２００８年に完成し、いまだ一滴も使っていない徳山ダムはやはり造るべきでなかった。水源確保を目的としたダム・河口堰開発の時代は終わっていたのである。

4．水需要減少下での水資源計画——目的の失われた河口堰の開発水利権

長良川河口堰は開発水利権22・5㎥／秒のうち、２００４年時点で使用されていたのは、愛知県25・4％、三重県7・9％、名古屋市０％、全体で16％に過ぎなかった。誰が見ても膨大な水余り状態であり、工業用水は一滴も使われていない。水道用水も既存ダムに水を余らせる中での使用である。しかし、国土交通省などは長良川河口堰による水資源開発が間違っていたと、これまで一度も発言していない。こうした失敗を認めようとしない態度が事態をますます悪化させている。

国土交通省などは、未使用の開発水量は異常渇水時の水源になると主張する。しかし、長良川河口堰を

異常渇水対策と主張するための前提は、新規水需要増加に対応した既存計画をいったん否定しなければならないはずである。犯罪的な需要予測の失敗や、強引な開発であったことを認めて初めて、次の目的（異常渇水対策）を提示することができるのではないか。

5．経済に負担をかけない計画

確かに水供給する側からすれば、水源はたくさんあったほうがいい。名古屋市や愛知県も決して水余りと言わない理由がここにある。しかし、水道事業、工業用水道事業は地方公営企業として独立採算制を原則とするため、無条件の水源確保はあり得ず、消費者側の負担能力を十分吟味した上で開発の是非を決定しなければならない。しかし、現実はその前提が吹っ飛んでしまっている。一般会計からは安易に補助金が投入され、計画が行きづまっても、長期間計画を放り出しても、一部の市民グループを除き、どこからも批判が飛んでこない。

国土交通省の省益はとにかく省の予算を拡大することである。高度成長以来、拡大を続ける政府予算の中で、国土交通省（当時は建設省）は豊かな財源を背景に新規ダム・河口堰事業を行なえばよかった。それがたとえ国の借金であっても、借金をしたのは政府、さらには国民であって国土交通省ではない。名古屋市や愛知県なども巨額の国の補助金を前提に事業を行なうのが最も安上がりであった。「省庁栄えて国滅ぶ」、「ゼネコン栄えて国滅ぶ」構造にどっぷり浸かり、国土交通省はダム・河口堰建設を止めず、地方自治体も補助金依存を止めようとしなかった。両者、とりわけ国土交通省には財政規律が根本から欠如しているのである。

しかし、21世紀に入り、政府・自治体にはもはや豊かな財源など存在せず、破綻状況である。現在、政府・自治体に求められるのは、お金をかけずに煩わしい調整を行ない、結論を出すことのできるタフな精神とコミュニケーション能力を備えたスタッフの確保である。それができない省庁・自治体は、21世紀の水資源政策に関わる資格がない。国土交通省がこれからもダム・河口堰に拘泥するのならば、政策立案機能を取り上げ、現場の管理事務所機能に限定するしかない。

これまでダム・河口堰計画では建設を前提とした計画変更が頻繁に行なわれてきた。そうした建設ありきの、いわゆる「ムービング・ゴールポスト」現象を見るかぎり、計画中のすべてのダム・河口堰建設を止める覚悟が必要である。とくに水資源開発目的のダム・河口堰開発では、工業用水から水道用水への目的変更、水道用水、工業用水から治水目的への変更など、たび重なる目的変更に加え、既存ダム・河口堰の利水安全度を意図的に縮小させて新規計画の維持を図り、最終的には開発目的を縮小させながらも建設計画だけは存続させてきた。

しかしながら、今の日本には、ダム・河口堰ありきの計画を認めるほどの財政的余裕はない。長良川河口堰の場合、「開発水を一部使っている」、「異常渇水時に役に立つ」レベルの理由では、未来永劫続く維持管理費を負担する根拠にならない。

市民はこうした巨大公共事業の是非についてもっと関心を持つべきではないか。国や自治体による数千万円レベルの不正や無駄遣いは強く批判するが、数千億円レベルの不正、無駄遣いになると、ケタが大きすぎるのか、妙に肯定的な態度をとってしまう。数十年に一度の異常渇水時でさえ、水が足りない状況が続くと批判するが、水が余ったから批判する市民はほとんどいない。こうした有り余る水資源の確保が他の公共政策を著しく圧迫していることを理解すべきであるし、もし、異常渇水対策をダム・河口堰で対応することを肯定するのならば、相当の増税を覚悟しなければならない。

6．環境を傷つけない計画

わが国に蓄えられたストックの中で最大のものは、国土に蓄積された豊かな自然環境である。自然環境を壊すことなく、そのストックを生かした経済成長が求められているとすれば、公共事業による自然環境の破壊は最も避けなければならない項目である。

ダムや河口堰建設に伴って発生した環境問題は以下のとおりである。残念ながら、これらのほとんどはダム・河口堰の建設費用としてカウントされていない。

1つ目はダム・河口堰建設地点の自然環境の破壊である。長良川河口堰は海と川をつなぐ汽水域を分断し、多くの環境問題を発生させている。2つ目はダム上流部の堆砂問題、3つ目はダム下流部の河床低下、海岸侵食である。河川は土砂の通路でもあるが、ダムはそれを遮断する。

4つ目は河川生態系の破壊である。海と河川を回遊する水生生物は大量に存在し、淡水魚類の過半とも言われる。ダム・河口堰はこれら水生生物の移動を阻んでしまう。移動を阻まれた水生生物は産卵の場と成育の場を遮断され、やがて種の絶滅を迎えることになる。また、ダム湖に貯まった水は水質悪化をもたらし、堆砂は長期にわたってダム下流域に土砂混じりの水を供給し続ける。これらによって、ダム下流の河川から清流が消え、清流に棲む魚が消え、清流を前提に成立する水上アクティビティが消える。また、その影響は海にまで達している。伊勢湾では海苔養殖が著しい不作に陥っており、漁師たちは長良川河口堰の影響を疑っている。

5つ目は廃棄物としてのダムの処理問題であり、6つ目は都市周辺の在来水源の放棄と水環境の悪化である。地下水・中小河川などの近隣水源は本来、保有し続け優先利用されることが水資源利用、水環境保全の点から望ましい。しかし、独立採算制の水道事業にそのような余裕はない。

7．異常渇水時の水利用——被害と対策

今後の異常渇水対策は「一定の費用内、一定の環境影響内で行なえる対策」を前提とし、一部被害も想定しながら「減災」に努めることが原則となろう。ダム・河口堰は費用として高すぎ、環境影響は大きすぎる。自然は必ず人為を超える。通常時（平時）と異常渇水時（非常時）の水の使い方を意識して「賢い水の使い方」をつくり出すことが求められている。

10年に1回程度の渇水、いわゆる通常渇水への対策は既存施設が目的としてきたものである。したがってここではそれを超える渇水、いわゆる異常渇水対策のあり方が議論されなければならない。国土交通省などは通常時のそのままの延長、つまりダム・河口堰建設で異常渇水対策を考えているが、以下で見るように、より適切な選択肢があることにもっと目を向けなければならない。

異常渇水時、第一に問題となるのが飲み水の確保であるが、ペットボトルが出現して、命に関わる問題ではなくなった。実際、10年を超える間隔でしか使用されないダム水は、費用もペットボトルと比較可能なレベルになる。さらに長期間保存されたダム水は水質悪化を招きやすい。

次に洗濯、トイレ、風呂などの生活用水は大量に必要なため、ペットボトルで代替するわけにはいかない。しかし、これらは大切な水ではあるが、命に関わる水ではない。また、わが国では異常渇水といえども季節限定的なものがほとんどであり、異常渇水時の一定期間、洗濯や風呂の回数を減らし、トイレの使い方を工夫してもいいのではないだろうか。市民がそれを嫌がるとは思えない。

工業用水は大幅な削減が避けられず、１９９４年渇水で経験したように、工場の操業短縮や停止は避け

られない。しかし、工場の操業を短縮、停止するか、ダムを造って水源を確保するかは本来、経済次元の問題である。異常渇水時にさえ安定した水供給を望む工場は追加費用を支払って自ら水源を確保すればよい。自治体が当たり前のように供給を保証する義務はまったくない。

最後に、異常渇水時といえども継続的な水供給を保証しなければならないのは病院並びに類似施設などの「命に関わる」施設である。そのための方策として、水道用水の優先供給体制の整備、さらには井戸など独自水源の確保が求められている。もちろん、井戸も異常渇水時には揚水制限を受けるだろうから、その限界を十分考慮するにしても一律に揚水停止をする必要はない。

8．農業用水と河川維持用水の利用

長良川河口堰を含め、木曽川水系の水問題を考えていくにあたって、国土交通省の説明で致命的に欠けているのが、農業用水部門を含めた河川の水利用秩序の形成についてである（伊藤達也『水資源問題の地理学』２０２３）。わが国の河川管理において、少なくとも低水管理、つまり河川に流れる水が少ないときの水利用秩序は、これまで農業用水部門が中心に担ってきた。したがって、通常時はダム・河口堰で対応するにしても、異常渇水時の河川流量管理は、農業用水部門を抜きにして行なうことはできない。

農業用水の河川支配力が弱まっていくのは高度成長期を通じてである。国土交通省による積極的なダム・河口堰建設により、国土交通省による河川管理が全面的に展開していく。国土交通省は元々建設省であり、ダム・河口堰建設が使命の省庁である。また河川管理を担っていく中で、水は公水と見なされ、経済財としての発想がない。したがって水需要増加に対しては、ダム・河口堰を造るしか策がなく、ダム・河口堰を通じて河川管理全般への支配力を強めていった。そして水資源管理上最も信頼でき、使い勝手のよい基準点流量内の河川流量をひたすら農業用水の水、そして河川維持用水として水資源管理の対象から外してきた（図3）。

したがって異常渇水対策を考える際に第一に考えるべき点は、排除されてきた農業用水、河川維持用水を改めて水利用秩序の根幹に組み込むことである。どちらも異常渇水時にはさすがに流量は減少するだろ

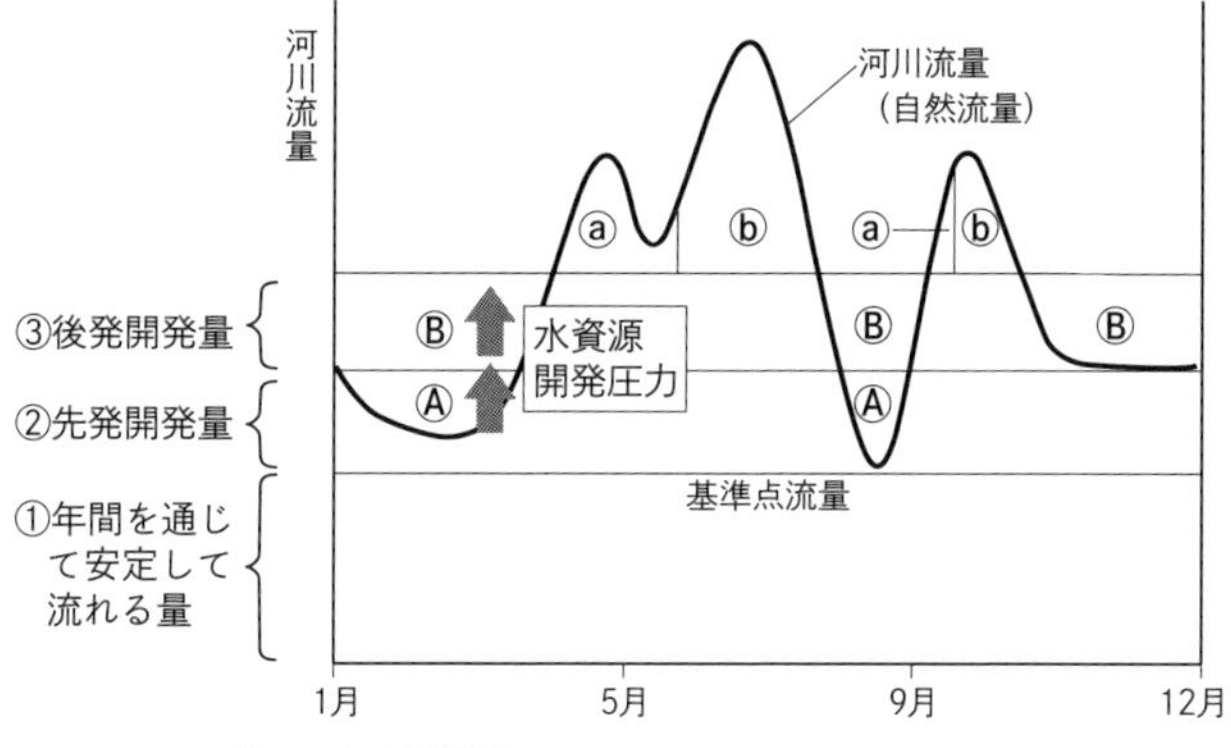

ダムによる補給量
Ⓐ 流量②を開発するために必要なダム補給量
Ⓑ 流量③を開発するために必要なダム補給量
ⓐ ②を開発するためにダムに貯留され、実際に補給される量
ⓑ ③を開発するためにダムに貯留され、実際に補給される量

図3　渇水年の河川流量と河川水の開発概念図（ダム開発）
資料：国土交通省土地・水資源局水資源部編『平成22年版　日本の水資源』(2010年)、一部修正

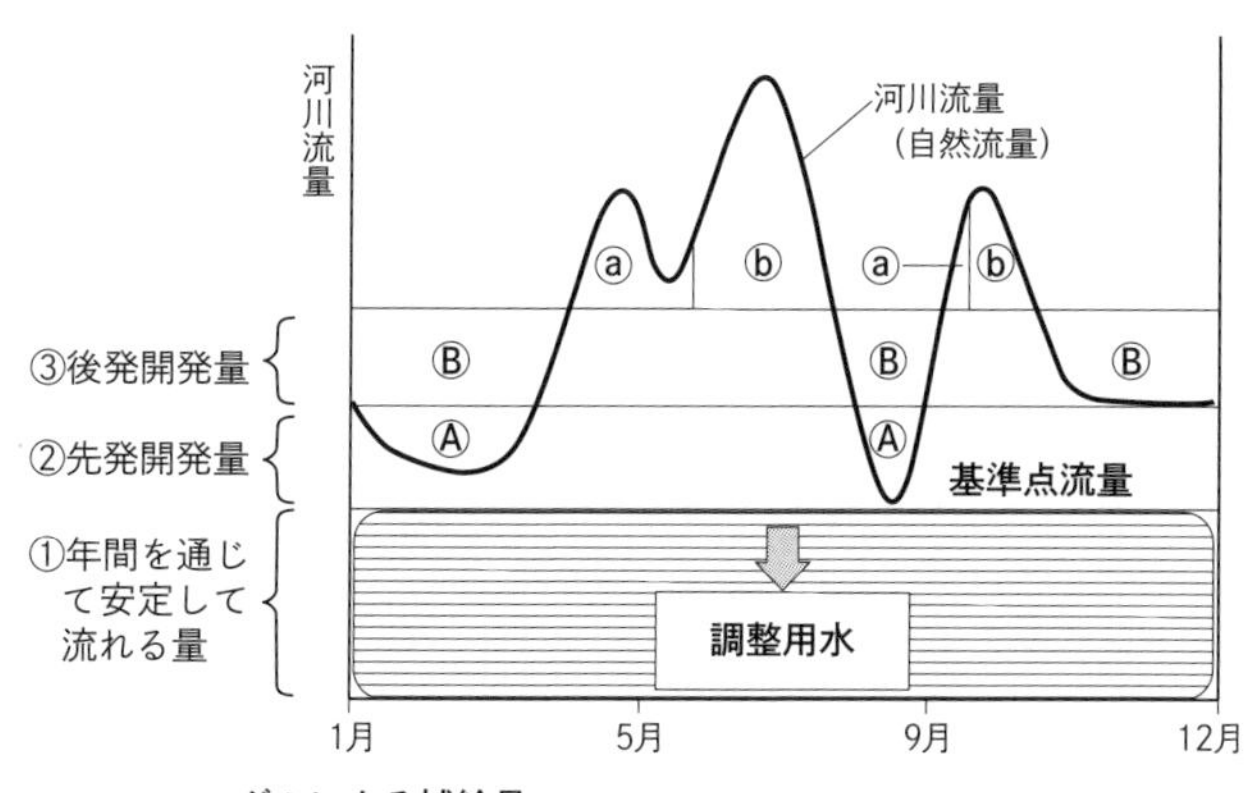

ダムによる補給量
Ⓐ 流量②を開発するために必要なダム補給量
Ⓑ 流量③を開発するために必要なダム補給量
ⓐ ②を開発するためにダムに貯留され、実際に補給される量
ⓑ ③を開発するためにダムに貯留され、実際に補給される量

図4　渇水年の河川流量と河川水の開発概念図（河川自流水の利用）
資料：国土交通省土地・水資源局水資源部編『平成22年版　日本の水資源』(2010年)、一部修正

うが、20世紀最大の渇水であった1994年渇水を見ても、その安定度は高い。また今後、どれだけダム・河口堰を造っても、それらは必ず枯渇する。その際、地域に残された水は農業用水と河川維持用水だけである。農業用水の渇水対応能力や河川維持用水の流量安定性を評価し、異常渇水対策に位置づけていけば、私たちはより安価で環境にやさしい河川水利用システムを得ることができる（図4）。

しかもそれは異常渇水時に限定されることから、農業用水にとっても水利権を奪われることなく、十数年に1回、水管理を強化するだけでよい。水管理強化には追加費用がかかるであろうが、それはすべて調整対象の水道部門に請求すればよい。可能ならば、渇水対策に必要な労力はすべて水道部門に担わせればよい。水道局スタッフも水道のバルブをこまめに調整するよりも、農業用水の調整をするほうが、労力も少なくて済み、節水効果は格段に大きいはずだ。

このように21世紀の水利用は、改めて農業用水、さらには河川維持用水を適切に水利用秩序に組み込んでいくことにより飛躍的に安定する。これを妨げるのはいつまでもダム・河口堰を造ることしか頭にない国土交通省の河川管理政策である。名古屋大都市圏には長良川河口堰、徳山ダムと、目的を失っても造られてしまった巨大公共事業が複数存在する。そして今、さらなる過ちを木曽川水系連絡導水路、設楽ダム計画で犯しつつある。目的を失っても造るという国土交通省の固い決意が、わが国の豊かな自然環境を破壊し、財政逼迫（ひっぱく）の政府をさらに追い詰めているのである。

IV

河口堰の最適運用に向けて

世界の河口堰の先進事例に学ぶ

武藤（むとう）仁（ひとし）・青山己織（あおやまみおり）

1. 長良川河口堰の現状――汽水域を回復させない「弾力的運用」

長良川河口堰は海と川を行き来する回遊魚の大きな障害となった。アユ、サツキマスなどの漁獲量の激減はこれまで述べられてきたとおりである。また、河口堰が塩水の遡上を止めたことから長良川では汽水域がなくなり、堰上流側は水位が高いままの淡水湖の状態となり、広大なヨシ原が消失した。ヨシ原に共存していた動植物の姿も激減した。堰下流では淡水・海水の二層化と有機物の沈殿により川底は貧酸素の厚いヘドロに覆われ、ヤマトシジミは生息できない状態となっている。

最近の伊勢湾の厳しい漁業不振の要因に、河口からの流れの弱まりも指摘されている。

国・水資源機構は環境改善のため平常時の放流量に加え、一時的に堰放流量を増大させるフラッシュ操作による「弾力的運用」を2000年より実施している。堰上流の底層DOの対策としてアンダーフロー、堰上流の藻類の対策としてオーバーフローのフラッシュ操作が行なわれた。アンダーフローは、堰上流1・0kmにおいて底層DO濃度が6mg／ℓ未満になったとき操作を開始するものである。2011年からは「さらなる弾力的運用」として7・5mg／ℓ未満に操作基準が引き上げられた（図1）。年間操作回数が

操作の目的	底層DO値の保全（低下抑制）
開始基準	伊勢大橋地点（河口から6.4km）の 底層DO値が7.5mg/L未満
実施時期	水温躍層による底層DOの低下が 生じやすい夏期（4～9月）を基本
使用ゲート	調節ゲート1～5号or6～9号
操作形態	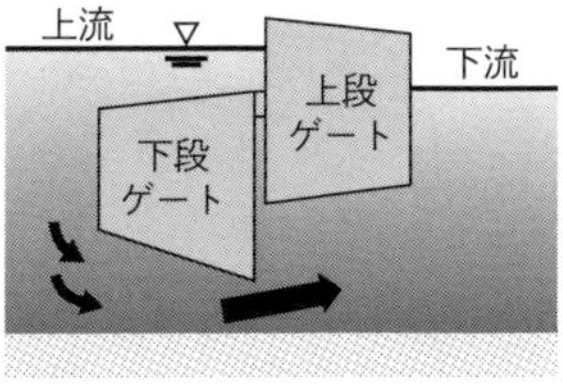 上流 下流 上段ゲート 下段ゲート

図１　長良川河口堰のフラッシュ操作（アンダーフロー）
出典：「長良川の環境について」（令和４年２月10日、独立行政法人水資源機構 長良川河口堰管理所）

１００回を超える状況だが、底層ＤＯ濃度の向上は一時的で環境改善の効果は見られない。生物環境改善の効果は、調査されていない。抜本的な対策として、堰の開門による汽水域の回復が求められるが、国・水資源機構は、塩水遡上が引き起こす農業被害の危惧を理由に、汽水域の拡大の検討に手を付けない。

愛知県長良川河口堰最適運用検討委員会は関係者の協議の場を設けることや試験開門を提案しているが、国・事業者はその席に着くことを拒んでいる。

海外の事例を見ても、河口堰による環境悪化、漁業被害は深刻であった。その対策として汽水域の回復（河口堰の開門）に挑んできたが、長良川と同様に農業の塩害問題や水道取水などの問題に直面し、その解決・克服を一歩一歩進めてきた。同委員会は海外の先進事例（オランダ、韓国）を学ぶ「県民講座」を２回開催してきた。

ここでは、オランダのハーリングフリート河口堰と韓国のナクトンガン河口堰の開門事例を踏まえ、今後の長良川河口堰の最適運用を考える。

２．オランダ・ハーリングフリート河口堰——新操作方式で環境改善

オランダの主要河川のライン、マース、スヘルデの３つの河川は、南西部のベルギーとの国境に近くで

北海に注いでいる。

国土の50％が海面下にあるオランダは、巨大な堤防のネットワークで守られてきた。しかし、１９５３年、「北海大高潮」が、デルタ地帯を襲った。堤防が５００㎞にわたって破壊され、オランダだけで１８３５人が死亡、20万haが浸水した。そこで、国は河口を締め切る「デルタ計画」を決定した。想定する最大規模の高潮は、４０００年に1回、４０００分の1とされている。

ハーリングフリート河口堰（図2、3）はこの計画の一環として１９７０年に建設された（延長１㎞、17門、スライダー34個、魚用水門6基）。

この事業により、高潮が防がれるだけでなく、淡水化された湾内の水が飲料や農業用水に利用されるようになった。

ハーリングフリート河口堰は、当初、干潮時のみ開門するように操作していた。その結果、潮差が２ｍから０・３ｍに減少し、水質汚濁、魚の遡上阻害、波による河岸侵食、ヘドロの堆積（年間５００万㎥）といった悪影響が見られるようになり、漁民や環境団体から抗議運動が起こった。とくに問題になったのは、河口堰建設前にあった川と海の間の移行帯（塩分勾配のあるダイナミックな生産的な環境）が完全に消え、塩分濃度の急変により遡上・降下する際、魚が死んでしまうことだった。また、この10年間でヨーロッパでは川の流れや生態系の回復のために４０００以上の堰やダムが撤去・改修されるという大きな流れがあり、上流側の国々の河口を開けて「環境改善せよ」との外圧もあった。

このため、取水口を上流に移転し、汽水域が復活するよう堰の操作を変更することにした。Kierbesluit（水門の一部を開放する決定）は、元の状況を部分的に回復させることを目的としている。ハーリングフリートの水門を定期的に少し開くことで、海水がハーリングフリートの東側（上流）に逆流し、回遊魚が海水

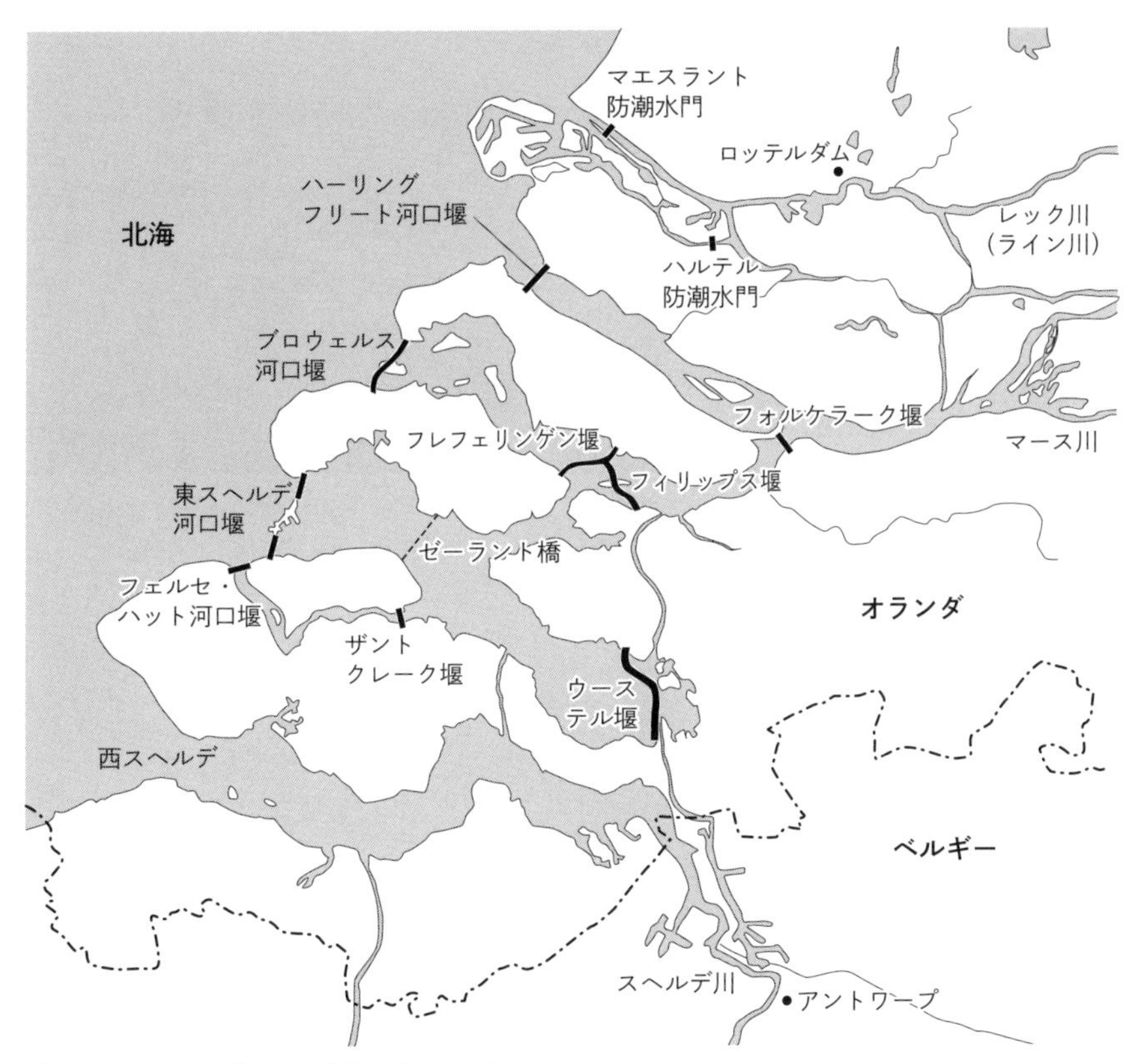

図2　ハーリングフリート河口堰の位置

図3　ハーリングフリート河口堰（写真提供：Tjeerd Blauw）

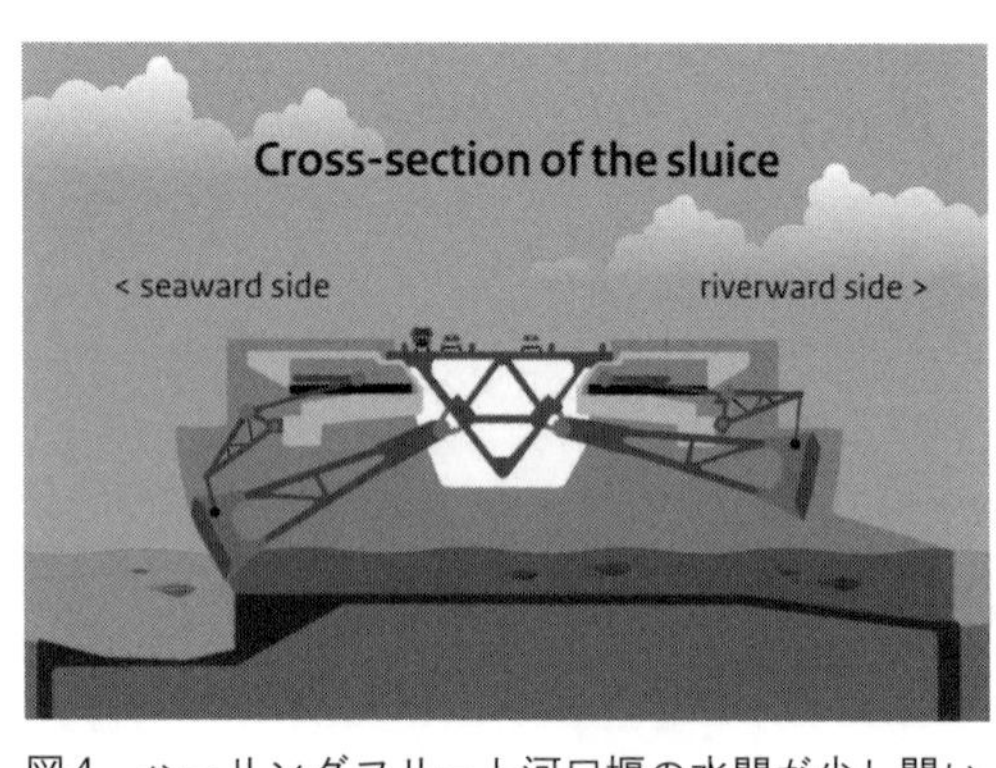

図4　ハーリングフリート河口堰の水門が少し開いた状態（オランダ公共事業・水管理総局、2019年）

とともに内側へ泳いでいく（図4）。これにより、国際的な魚の移動とライン・ムーズ・デルタの生態系が大きく改善され、淡水魚も水門が開いていることで恩恵を受ける。

そのための新たな操作方式として、次の3方式が検討され、コントロール・タイド方式が選ばれた。

①ブロークン・タイド方式：水位を一定に保ちながら、海水を出入りさせる

②コントロール・タイド方式：干満に合わせて水位を変化させながら、海水を出入りさせる

③ストームサージ・バリア方式：高潮時のみ閉鎖して、普段は開門したままにする

コントロール・タイド方式では、河川流量が小さいときゲートは閉鎖されるが、これまでの実績では、3分の1のゲートが95％開門されている。これにより塩分勾配をつくることができ、魚が北海から川に、またその逆に移動できるようになった。この運用の了解には18年以上かかった。塩分勾配を管理し、代替淡水供給を実現できるよう農民、産業界を説得するのに非常に時間がかかったのだ。

事業では、まだ不確定要素があるため、「Learning by doing」を実施している。

塩の拡散や魚の上流への移動の最適化に関する実践的な研究を含む、研究プログラムが立ち上げられ、塩分濃度は継続的に監視されている。これは、6つの移動式サンプリングポイントと2つの固定式サンプ

リングポイントによって行なわれ、10分ごとに3つの深さで監視している。また、サケにタグを付けてドイツやベルギーまで追跡するなど、開門による生態系への影響も注意深く監視されている。このような研究から得られたノウハウは、ハーリングフリート水門の新しい運用方法へとつながっており、水の安全、淡水の供給、そして自然にも良い影響を与えるものである。

このプロジェクトには、最初のテストから水門の新しい運用方法まで、8〜10年かかると思われている。この期間は、主に塩水噴出に関する十分な専門知識をいかに早く習得するかにかかっている。これには天候が大きく影響しているが、新たな運用方法導入のための学習期間中は、水門を可能なかぎり開放している。

当局や関係団体からなる諮問委員会には、農業、自然保護、レクリエーション、漁業の代表者、港湾、自治体、飲料水会社、水道局など、あらゆるステークホルダー（利害関係者）が含まれている。

オランダは、ライン川とマース川に隣接する他の国々と共同で、水質汚濁の防止、自然にやさしい土手の建設、魚の回遊を阻む障害物の除去など川の生態系の健全性を回復するために長年にわたり取り組んできた。国際河川の河口部に位置するオランダの立場は複雑だ。国民の安全を守りながら生態系の再生を目指さなければならない。しかし、このようなプロジェクトを遂行することで、魚の回遊や海水から淡水への移行について、多くの知識を得ることができる。オランダはこの分野で最先端を走っており、このような解決策は世界のどこにもない。

3．韓国・ナクトンガン河口堰——開門の実証試験を重ね生態系回復

韓国第二の都市プサン市を流れるナクトンガン（洛東江）は、流域面積2万3384㎢（長良川の約12

倍）、流路延長５１０km（同3倍）の大河川で、下流は二つに分かれて海に注いでいる。西ナクトンガンは、日本統治時代の１９３０年代に、上下流を水門で締め切られ、生み出された淡水が農業用水として利用されている。ナクトンガンの河口は広大な湿地が広がり有名な渡り鳥の飛来地である。シジミ漁はとても盛んで日本にも輸出していた。ここに、プサン市の水道や金海市の工業用水などの水源確保（年間7・5億㎥）、浚渫による流下能力増大（1万８３００㎥／秒）、それに合わせた浚渫土砂による干拓地の埋立て（３３０ha）、さらにプサン都心と西部慶南地区を結ぶ共用道路建設を目的として、ナクトンガン河口堰が１９８７年に建設された（図５、６）。河口部の中州で区切られた左岸側に10門の可動堰をつくり、右岸側を土堤で締め切るものであった。

長良川と同様に、河口堰の運用とともにシジミ漁は絶滅し、とりわけ滞留による水質被害は甚大で、水道の取水口も15km上流に移動させなければならないほどであった。環境悪化に危機感を感じた市民の「河口堰開門」の呼びかけで２０１２年「ナクトンガン河口汽水生態系復元協議会」が発足した。

この動きはプサン市を動かし、河口域の環境調査と「開門した場合の環境影響」の研究が始まった。これには、国の環境部も参加し、精密な塩水遡上のシミュレーションを行なうことができた。その結果「開門の可能性」に合意が広がったが、河口堰を管理する国の国土交通部と事業者は開門の実証試験を拒んだ。

２０１7年「ナクトンガン河口堰開門」を公約に掲げた文在寅（ムン・ジェイン）が大統領に就任。ナクトンガン河口の環境回復は大統領アジェンダとなり、２０１９年一部のゲートを一時的に開門する実証試験が始まった。農業関係から塩害の危惧に基づく反対の声はあったが、実証試験結果はその都度、検証され、関係者と協議しながら進められた。

実証試験は、断続的に海水の流入量を変えながら、塩分濃度の測定により塩水遡上距離も観測された。

図6　ナクトンガン河口堰
（2023年7月4日、蔵治光一郎撮影）

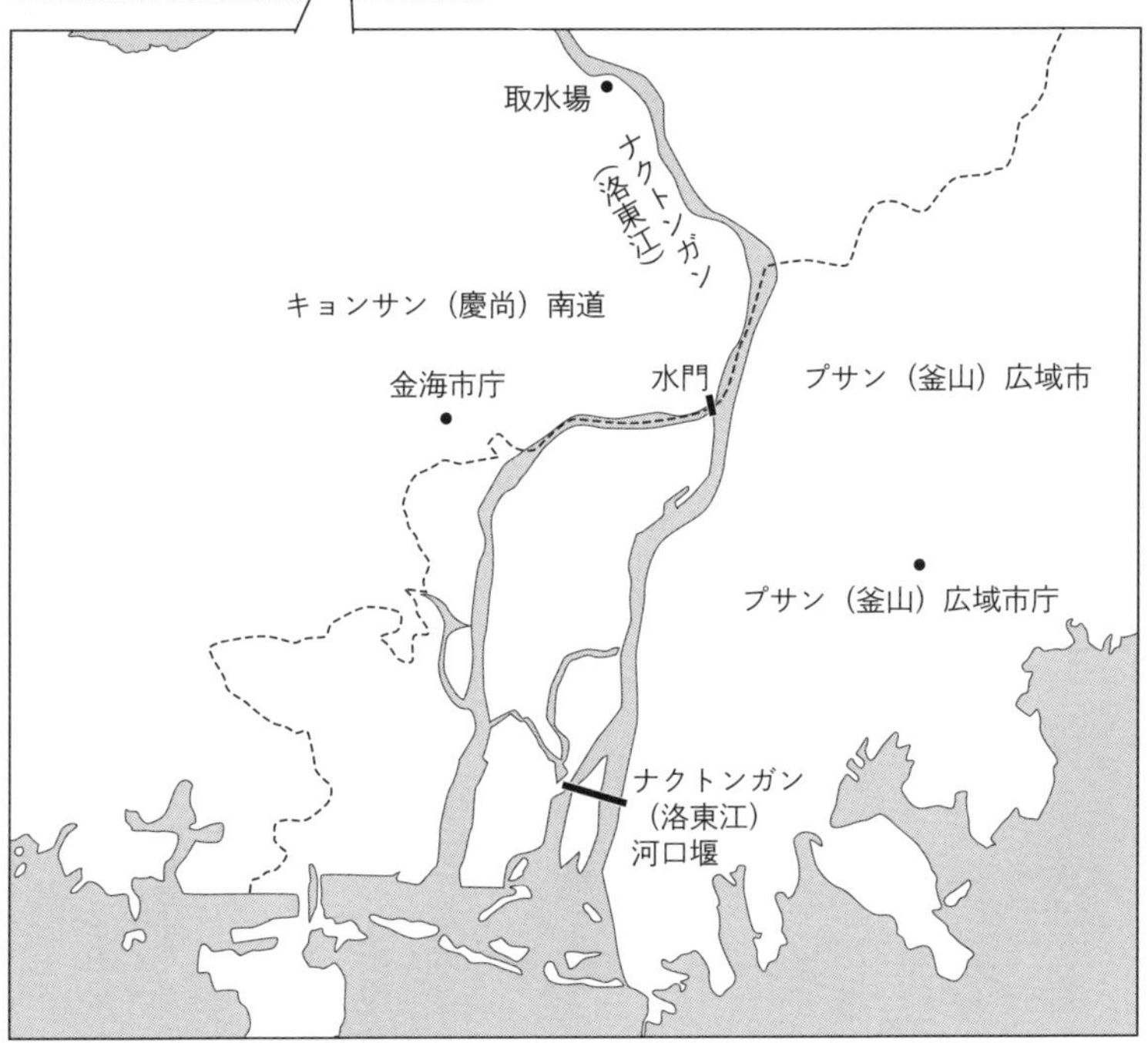

図5　ナクトンガン河口堰の位置

２０１９年９月17日に行なわれた実証試験では、河川の濁度は47％改善。塩水遡上については、シミュレーション予測８～９㎞に対し、試験結果は８・８㎞でシミュレーションと一致していた。２０２０年の実証試験（６月９日～７月２日）では、河口堰運用後姿を消していたウナギの姿も見られるようになった。多くの汽水種の魚類が戻りつつあり、生態系回復の可能性が確認できた。ＫＢＳ１（韓国公共放送）はカタクチイワシやアジが海から遡り、ウナギやサケが漁師の網に捕らえられる映像を全国に放映した。

２０２１年、環境省、海洋水産省、プサン広域市、水資源公社など４機関が参加する「洛東江河口統合運営センター」が設立され、水門開放効果や塩害などについて集中的に分析されることになった。綿密な管理により農業塩害は発生しておらず、開門反対運動の報道もなくなった。

現在、河口堰上流15㎞地点に農業用取水門があるため、12㎞以内の遡上になるよう堰の開門調整をしつつ、開門形態を変えながらリアルタイムで塩分濃度観測を行ない生態学的環境変化の観察・分析を進めている。

２０２１年と２０２２年に「国際河口シンポジウム」が開催され、それらの成果が報告されている。試験開門が順調に進む中、２０２２年２月18日「常時開門」に移行し、河口堰開門は新たなステップに進んだ。

４．長良川河口堰の最適運用――多様な操作が可能な施設を生かす

長良川河口堰で現在行なわれているオーバーフロー方式あるいはアンダーフロー方式による「弾力的運用」では、環境の改善は期待できない。

ハーリングフリート河口堰の事例に見るように海水を遡上させ、水位を変動させるコントロール・タイド方式の導入が必要である。ゲートの操作を、上下流で水位差のない開き方にする必要がある。これによ

り、汽水域および感潮域の復活が可能となる。

ナクトンガン河口堰の事例から、一部のゲートの開門だけでも環境改善効果は期待できる。また、コンピュータ解析によるシミュレーションがあれば、ゲート操作で的確に塩水遡上距離をコントロールできる。長良川河口堰は上下二段のゲートからなる10門の調節ゲートを備え多様な操作ができる優れた施設である。また、河口堰に付随する観測施設に加え、長良川には水質を24時間監視する「シラベール」など水質監視システムが整っており、河口堰の最適運用は、安全、確実に進めることができるであろう。

河口堰開門に伴う塩水遡上に対応する、愛知県上水、三重県上水・工水取水位置の変更は、河口堰が運用される前の木曽川取水（木曽川大堰）でまかなうことができ、新たな工事は発生しない。

長良川と伊勢湾の環境回復が求められる今、関係者による速やかな「開門調査」の協議が望まれる。


（編者追記）相模川では、下流の取水地点を減量または廃止し、上流の取水地点に付け替える「上流取水」が検討されている。標高の高いところで取水することにより、位置エネルギーの有効活用が図られ、ポンプによる電力消費の削減が可能である。神奈川県内の４水道事業者および神奈川県内広域水道企業団で組織された神奈川県内水道事業検討委員会が２０１０年の報告書で、相模川下流での取水のうち約40万㎥／日程度の水量を上流取水に切り替える構想を示した。その後、これらの事業者・企業団に有識者などを加えた「これからの時代に相応しい水道システムの構築に向けた検討会」（竹村公太郎会長）が、水道の視点のみならず河川行政や環境面など多角的視点から上流取水を中心とした検討を行ない、２０２１年にとりまとめを公表した。この中で示された「最適な施設配置モデル」によれば、取水施設の中で最下流に位置している寒川取水堰は、取水する二つの浄水場を廃止することにより取水堰としての役割を終えることになる。

【コラム】

福原輪中（わじゅう）の塩害を防ぐ「アオ取水」

伊藤達也

愛知県でありながら唯一木曽川右岸（三重県桑名市長島町側）に位置し、木曽川と長良川にはさまれて立地するのが、愛西市（旧立田村）の福原輪中である。寛永12年（1635）に開発されたと伝わっている。明治期の木曽三川分流工事により立田輪中と福原輪中の間に新木曽川が開削されたことにより、福原輪中は立田輪中から離され、現位置に置かれることとなった。上空から見ると、周囲を堤防に囲まれたきれいな輪中であることがわかる（図1）。

図1　国営木曽三川公園「水と緑の館・展望タワー」（上流側）から見た福原輪中。左側奥から順に、木曽川、福原輪中、長良川、千本松原、揖斐川（伊藤達也撮影）

愛知県長良川河口堰最適運用検討委員会では、長良川河口堰のゲートを開けて環境影響調査をすると、河口堰上流に海水が入り、長良導水で知多半島に水供給を行なっている愛知県水道や福原輪中に、取水上の影響が出ると考えている。そのため、水利用へ影響が出ないような対応を検討している。恒常的な水利用の場合は代替水源が必要となるが、一時的な水利用の場合は取水方法の変更などで対応可能と考えている。現時点では、長良川河口堰完成以前に行なわれていたアオ取水（逆潮灌漑：満潮時に塩水によって押し上げられた河川表層の淡水＝アオを取水する方法）や新たに井戸を掘って地下水を取水することなどが候補として挙がっている。

おわりに——近くて遠い川と人の関係を結びなおすために

蔵治光一郎

日本は、川の国です。地図を広げれば、川は森林でおおわれた山々から、まるで毛細血管のように流れ出し、集まって大河となり、沖積平野に入ると無数の用水に分けられ、海に注いでいます。地図には地表を流れる川の様子だけが描かれていますが、地下に浸透した水は地下水となって流れ、海底に湧出しています。

私たちはこの地で、川の災いを巧みにかわしつつ、川や地下水の恵みをいただき、数千年の時を生きてきました。長い時間をかけて醸成されてきた川とつきあう生活の知恵は、水文化と呼ばれます。日本の伝統的産業の多くは、多様な地域の水文化に適応しながら各地で萌芽し、成長してきた産業です。

ところが、明治維新以降、近代化によって、川の災いをかわす手段、恵みをいただく手段に大きな変化がもたらされました。私たちが日々の生活に利便性を求め続けた結果、大規模な土木工事が選択され、川の災いも川の恵みも、私たちの生活から遠ざけられてゆき、やがて川の存在そのものが、私たちの意識から消えていきました。過去にあれほどの論争があったにもかかわらず、河口堰の存在すら忘れられつつあります。しかしその中で、地域の伝統的産業と一体となった水文化だけは、地域の誇りとして継承されてきました。長良川のアユや鵜飼は、その代表的な例であり、中部北陸圏が海外からのインバウンドを推進するための「昇龍道プロジェクト」の売りの一つにもなっています。

昇龍道の圏域の中心に位置する白山は、長良川の下流域からもよく見える山で、古くから水の神として信仰の対象となり、郡上市白鳥町の長滝白山神社から山頂に至る禅定道（ぜんじょうどう）が9世紀後半に開かれ、霊場として栄えました。龍は雨をもたらす神とされ、全国の雨乞いの神事に登場します。美濃市の旧美濃橋の下にある「お姫の井戸」には龍神の姫が住み、汚すと龍神の怒りが下るという言い伝えがあります。大干ばつにみまわれた際、村庄屋の五兵衛が意図的に井戸を汚したところ、翌朝大雨が降って大洪水になり、田畑は流されてしまい、五兵衛が川に身を投げ、やっと川は治まったという伝説があります。川の恵みと災いの調和に苦心してきた長良川の水文化は、白山から伊勢湾に至る、昇龍道の中心軸をなす長良川流域が世界に誇る価値であり、未来へのかけがえのない財産です。

２０２３年7月に韓国水資源公社のナクトンガン河口堰管理事務所を訪問する機会がありました。ナクトンガン河口汽水生態系復元協議会（62団体が加盟）の方が自発的に同行されたことにも驚きましたが、過去の政権交代に伴い方針が変わってきた経緯を尋ねた際、水資源公社の技術者の方々が、複雑な表情を浮かべつつも、政府の新しい方針のもとでベストを尽くすのが自分たちの使命であると力強く語ってくださったことが印象的でした。政権交代を駆動力として日々進化している隣国の河口堰管理がまぶしく感じられました。

建設省の河川技術者であった関正和氏は、個人の立場で書かれた１９９４年の著書の中で、長良川河口堰について「もしも必要があれば、手直しや追加対策をおこなうこともできる。これまでもメンツや経緯にこだわることなく、河川技術者として真摯で純粋な対応をしてきており、今後もそうあらねばならない、と思っている」と書かれています。遅ればせながら長良川でも、過去のコンフリクト（衝突）に起因する感情論やトラウマを克服し、川と生き物、川と人の関係を結びなおし、水文化と伝統的産業を未来に継承するため、志を同じくする人たちが、対立から対話へシフトし、相互信頼関係を築き上げつつ、それぞれが置かれた立場でベストを尽くすような未来図を描けないものだろうかと感じました。

本書を読んでいただいた方が、長良川の源流から伊勢湾まで広がる流域圏に思いをはせ、本書に登場する場所を訪ね、その場所に立ち、長良川の治水の歴史や水文化のかけがえのない価値を感じていただければ、編者としてこれ以上の喜びはありません。

最後に、本書は、岐阜市出身の農文協の馬場裕一さんが、愛知県の長良川河口堰最適運用検討委員会や岐阜大学の第38回岐阜シンポジウム「木曽・長良・揖斐　歴史、自然、地域づくりを考える」(2022年3月21日)をウォッチされ、お声がけいただいたことが発端となって実現しました。馬場さんには企画段階から文章、図、表の細かい手直しに至るまで、何から何までお世話になりました。心から感謝の意を表したいと思います。

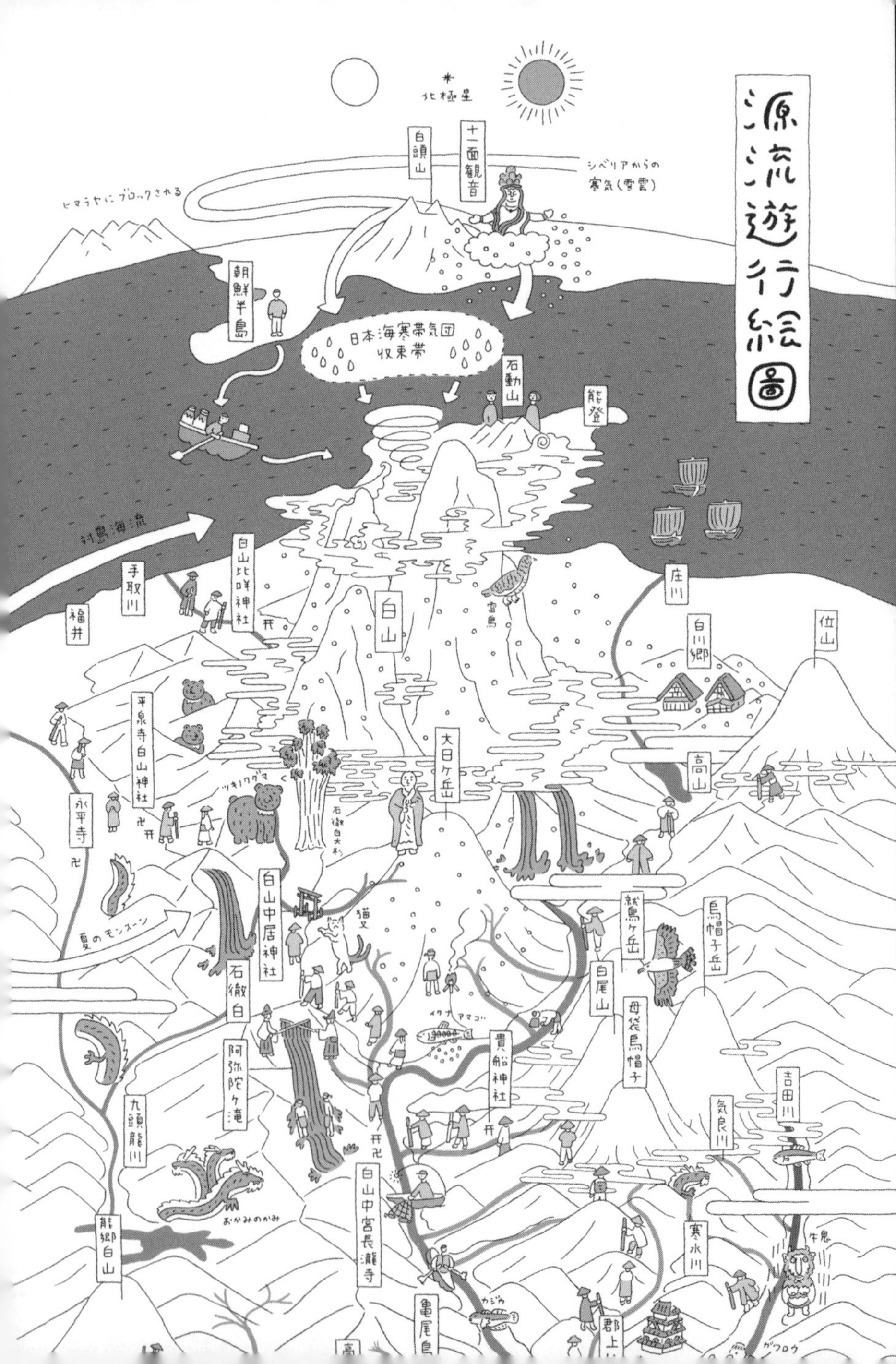

長良川カンパニーは、長良川の源流に暮らしながら、[illegible]源流の旅「源流遊行」を提供している

絵図は同社が旅人に手渡す「手ぬぐい」のデザインで、霊峰白山を中心とした水や信仰・文化の関係性が描かれている

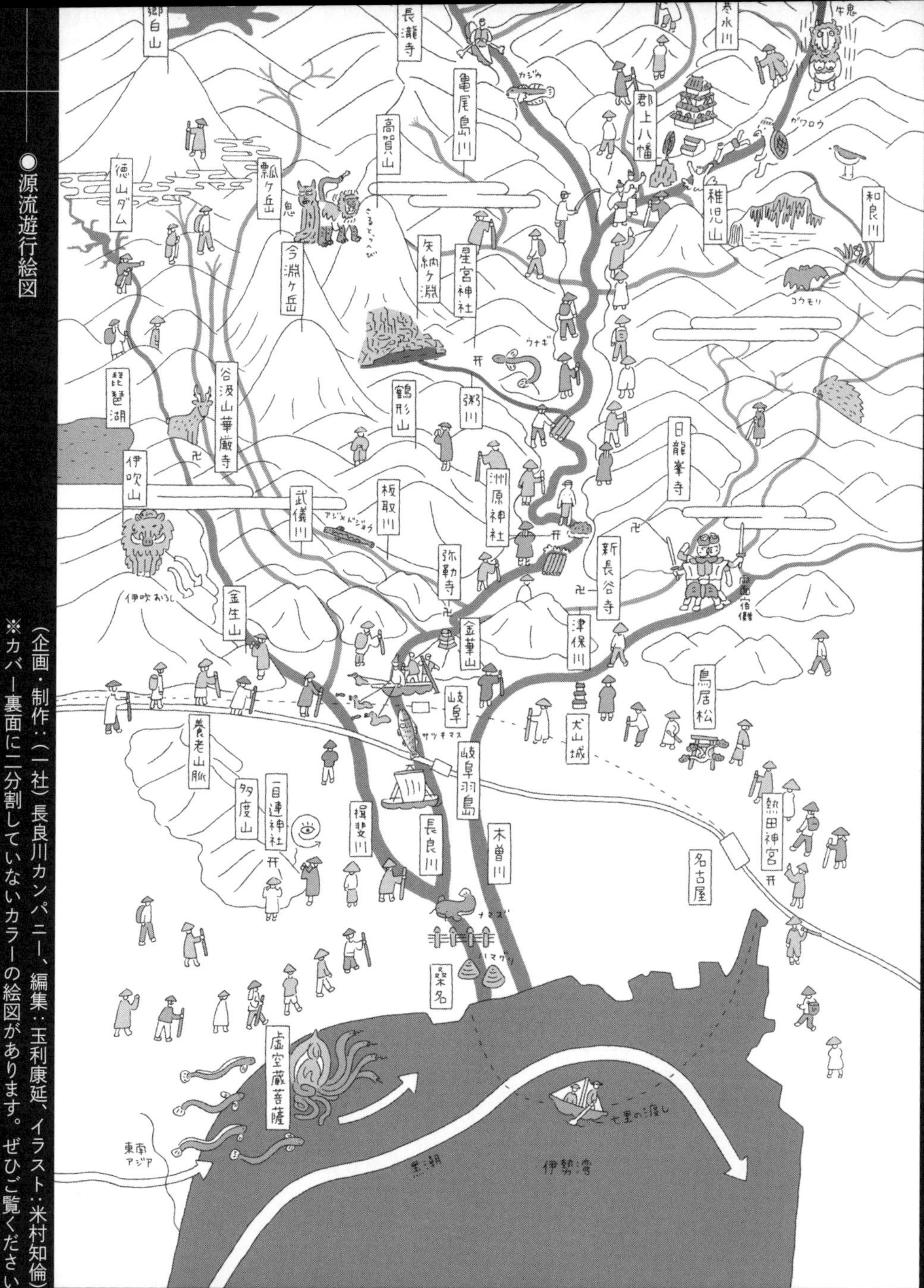

◉源流遊行絵図

（企画・制作：（一社）長良川カンパニー、編集：玉利康延、イラスト：米村知倫）

※カバー裏面に二分割していないカラーの絵図があります。ぜひご覧ください

【付録】２０１１年・第10回「聞き書き甲子園」作品　◉海・川の名人、川漁師（サツキマス漁など）

それが「長良」やがね

大橋亮一（おおはしりょういち）
（岐阜県羽島市）
×
尾瀬妃那実（おぜひなみ）
（岡山県立岡山南高等学校１年）

自己紹介

私は大橋亮一です。三代目の川の漁師をしてやて65年になります。生年月日は昭和10年2月21日です。現在76歳です。私が長男で、次男は私と一緒に漁師をしてて、三、四、五男はサラリーマン。家族は私と息子、嫁さんと孫の5人で住んでいます。弟は向かいの家に住んでいて食事だけ一緒です。

私が小学校のときは第二次世界大戦のときでしたので、小熊（おぐま）という地名の国民学校でした。私が6年生のときに、ちょうど終戦で8月15日でしたか。今のように塾もどっこ（何処）も何にも行けへん。学校から帰って、ほとんど毎日川へ出ていました。夏になったら友達と、男も女も川。食糧難の時代じゃったで。男の子も女の子も魚釣るのに竿持ったり。本当に、その当時の長良川は、ええ川でし

川漁の名人、大橋亮一さん（76歳）と尾瀬妃那実（岡山南高等学校１年）。第10回「聞き書き甲子園」に参加し、知恵や技、生き方を聞き書き（2011年11月19日、世界淡水魚園水族館アクア・トトぎふ にて）

表1　大橋さんの捕る魚の種類

魚の種類	漁法	シーズン
サツキマス	トロ流し（流し網）	4～6月
テナガエビ	地獄網	6～7月
アユ	地引網・夜川網・中ろう網	7月～秋
モクズガニ	地獄網	秋～冬
ウナギ・ナマズなどの雑魚	地獄網	上記の4つと並行して捕る

た。テナガエビを捕りょうりました。たくさんおったでね。夕飯のおかずに友達と捕ってました。

親父との漁のきっかけ

中学卒業してから15歳で長良川漁業協同組合に入りました。親父が漁師やっとって「坊、川へ連れてやったろうか」って言って、「はー、連れて行ってくだせえ」と言っとるうちに、やっぱ好きになってまってね。漁師をすると魚が捕れるて。隣近所、皆お百姓さんで、魚と物々交換で食糧が手に入るから、男5人の兄弟やけぇど、今日は食べるもんもねえと言ったことがねえ。子供のときは、金儲けより、まず食うことやがね。食べるものは裕福にあるし、お金にもなるとゆうて、親父に「漁師になるがー」って言ったらな、「遊びと違うんやで。生活をしていかんならん。大変やぞ。一つの魚を捕る漁師なら、あかん。すべての魚を捕る漁師になれ」と親父になかなか厳しいことを言われてね（表1）。

76の歳になって、「しまったなあ、もうちょっと学校行ってかないかなんだな（行ったほうがよかったな）」と今思うようになったけどね。漁師としては、どこの漁師にも負けたことはございません。

親父の教え

漁法はすべて親父に教えてもらいました。これで一人前になったなあという網を

図1　現在の長良川と大橋さん兄弟二人の舟。河口から36km地点。護岸工事や中州がなくなったことが不漁の原因になる

図2　大橋さんが捕ったサツキマス。赤い斑点があるのが特徴

つくるのが大変でした。

親父から教えてもらった技を、もうちょこと上回ろうかと、弟と二人で勉強してオリジナルに変えて、最後には親父より上手になった。サツキマスで言うと、親父らのときは網が悪かった。高度経済成長期の頃やったけ、網の糸が綿と絹やがね。綿と絹は魚によう見える。糸の細えのは魚に見えんけど魚に破られ、太えやつは魚に見破られるがね。親父より一生懸命勉強して「なんとか一つ、魚に見えん、ええ網がねえものか」と。

考えた末、糸の太さは、糸を1本、2本と寄せて何本と数えてるんが、時代が移って、綿の倍の値段の高（たけ）えナイロンテグス（魚釣りの糸）にしたら、魚に見えへんし破られんがね。値段が高えけど、早く新製品を取り入れた者が、よけ捕れたね。新しい網が入ったら、弟と「こうゆう網はどうや。これならええな」って、実際に川に行き、試して漁をしています（図1～5）。

一日の活動

サツキマスを捕るときは、午前7～9時以外は、夜も昼も川にいます。働くときになったら20時間は徹夜で働きます。アユのときは夜の7～8時間は働きます。

図4　網の工程はすべて手づくり。浮きは「アンバ」と呼ばれ、材料は木のサワラ。この網は独自のもので、大橋さんと弟さんで10網所持。つくるのにふた月かかる

図3　サツキマス漁の網。繊維はナイロン100%。長さ150m、浮きが一つに300個ついている。粗い目と細かい目の二重構造になっている（魚がよく巻きつくようにするため）。下流のほうから魚が来るため、最初は粗い目を下流にセットし、細かい目で逃げにくくする

本来の長良川

昔の長良川も、人間で言うと若え(わけ)長良川やった。ザアザアとせせらぎの音がしてて。でも、もう今は年を食って、川自体が高齢者になってまった。川としては水のたくさんある川やよ。魚の生息するのには、深い淵もありゃなあかん。川の真ん中に、丘がある中州もなけりゃあかん。三重県の桑名の下流付近では大きい魚、浅(あせ)えところには生まれたばっかりの小魚がおるがね。そうゆう川が自然の川やよ。なんでかというと、小魚も昼間は深いところにおるけど、夜になると深いところにおる大きい親とかの夜行性の魚に食べられてしまう。私らは川の深(ふけ)えところにも浅えところにも投げにゃあかんし。それが「川」やぞ。

今は、河川改修でね、土木業者とか国の政策で上流から海へ、早いこと水を送ったらなあかんと。川の両岸をセメントで固めた護岸にしてまって。中州も排除。蛇のようにうねったのが本当の川。けれど、ただ一本の水路にしてしまったら魚がツーツー流されやすくなって生息しません。人間が豊かになりゃ自然は破壊されていくに決まっとんやで。

サツキマス

サツキマスはサケ科。4〜6月が旬で5月の中頃から末までがよう捕

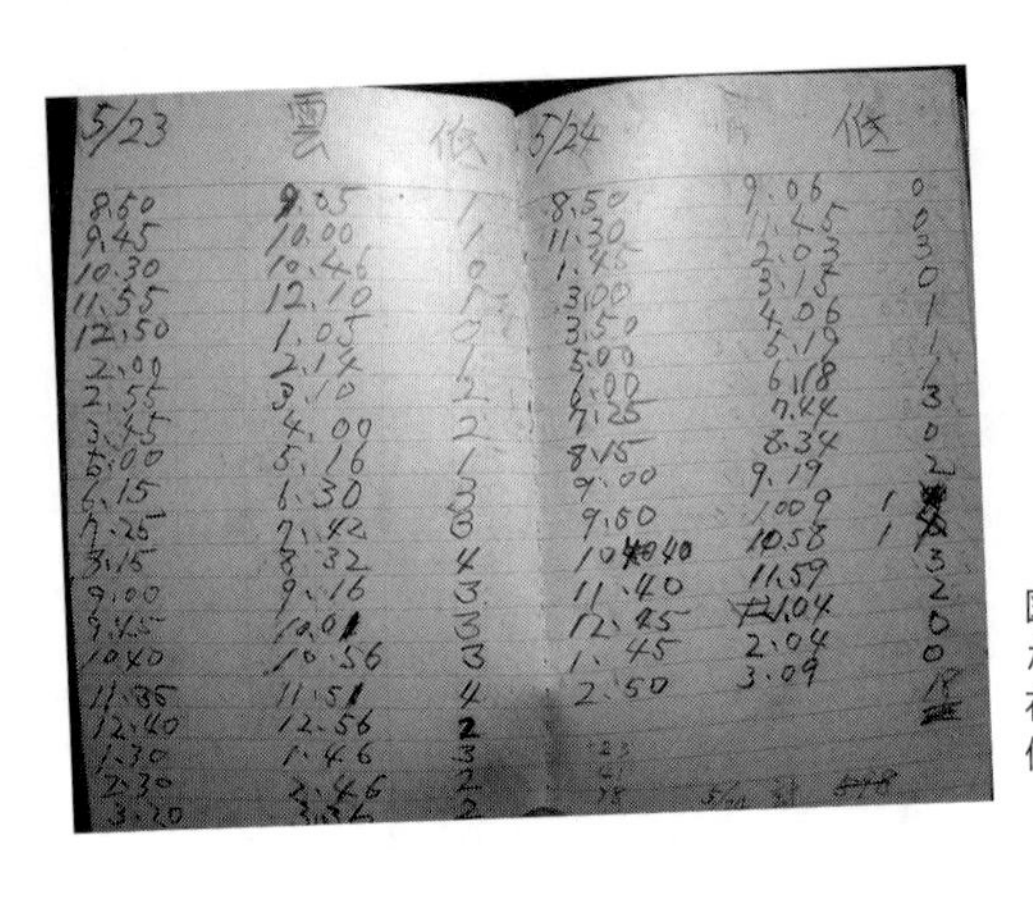

図5　天気や時間、川の水位を書いた帳面。弟と一緒に平成８年から現在までつけている。天気は晴れ、水位が低いときが一番捕れる

れる。昔は、広島の太田川や静岡にもおった。ダムなんかができて産卵できんために絶滅していった。

仮に、谷で生まれた子供の兄弟の一人が「私は海に行ってくる」、もう一人は「私は行けへん」という、兄弟の中に二色できるわけよ。海に行くやつを〝シラメ（白目）〟、山に残っとるやつは〝アマゴ〟というがね。シラメは海で親になって、海の栄養を含んで川に帰ってくる。

「海に行ってこかや～」って海に行くけど、下流にある、魚が遡上する（川へ帰ってくる）のを妨げる河口堰で海に行かれへんがね。困ったなあって言っても、まだ20㎝ぐらいの小さい子供やがね。それで川に帰ってくる魚もおるんやがね。でも餌がねえから大きゅうなられへんがね。

河口堰のすぐ隣に、人間がつくってくれた川（人工河川）があります。山奥で育てた、海へ行く子供（シラメ）の養殖魚だけ買ってきて、その川に入れて、10日ばか入れてぇて、どこにでも行ってまわんように長良川の水を覚えさす。サツキマスは自分の飲んだ水を忘れへんね。ほんで池から海へ、12月から4月まで100gぐらいのを放流したるで。そして、5月に戻ってくる。ここ長良川河口付近は、暖流の黒潮が流れとる海やがね。サケ科は冷たいところに棲む魚。5月になると、海の水温が20℃ぐらいに上がって、おれんがね。でも、長良川周辺は黒潮なのにサツキマスがいるってことは、学術的にも貴重ということ。だから必ず自

図6　川掃除の方法
①Aの舟が左右、時間をかけてゴミが落ちていないか上流から下流に向かって見る
②見たところはマークとして竹をさす
（船頭：舟を操り指示する人）

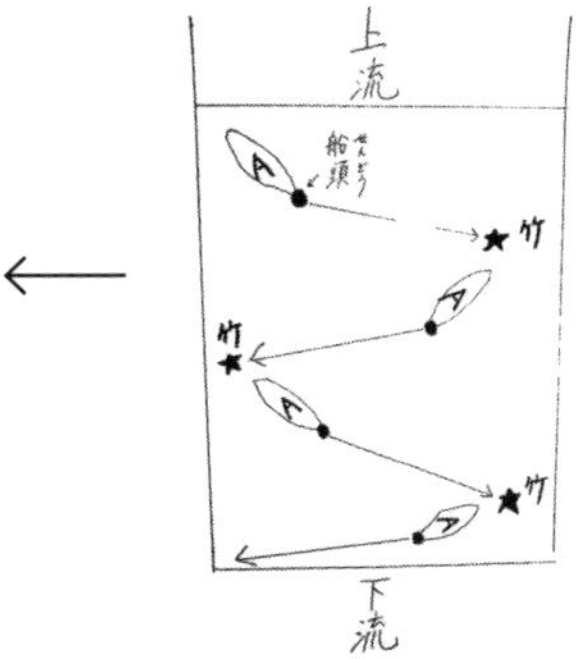

図6の1

上流
船頭
竹
竹
竹
下流

③Aの通ったところをBの舟が、ゴミが落ちていないか再確認のため、後ろから下流に向かって見る
④上記の①～③を繰り返す

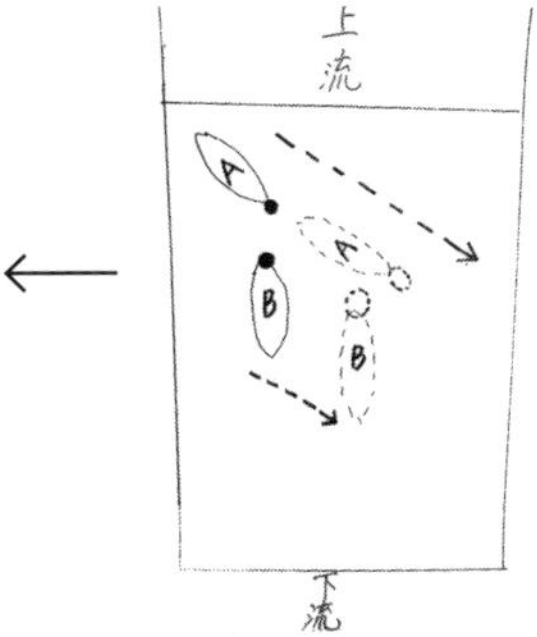

図6の2

上流
下流

分が覚えたところへ、１kgの45cmぐらいになって帰ってくる。

一番よけ捕れるのは、時間的に17時から20時くれえの間。なんでやというとね、夜暗なりかけたとこやがね。晴れとる日が、よう海から魚が移動してくるから、「はよ、川行こうかや」って。曇った日は海とか川で休憩しとる。雨の降る日はあかんわ。雨の日も（漁に）行っとることは行っとるよ。

赤い斑点があるのがサツキマス（近縁のサクラマスにはない）。サツキマスは毎年（生まれた川に）帰ってくる。

サツキマスは弱肉強食でね、とにかく共食いしたり海の魚のイワシやエビ食ったり、大きゅうなってくね。

海行ってくると、海で生活しとる短期間に（海の）餌を食って、中の肉がサケと一緒でピンクになってくる。けど、いっぱい餌食うからサケより何倍も脂が乗って旨い！

豊漁への努力

サツキマスを捕るために準備が必要だで。3月の晴れの日で、風のない日が一番ようて、だいたい月に10日あったらええな。網がひっかからんように、網ん中きれえに掃除したり、川掃除する（図6、7）。いろんな山から長良川に流れてきた障害物があるがね。それを私と弟、

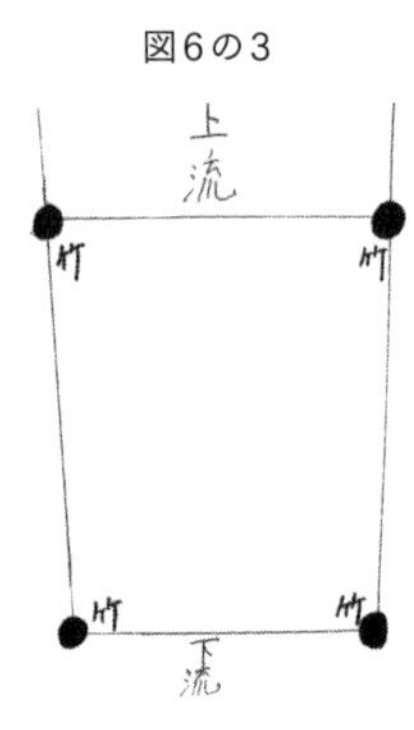

図6の3

⑤流し網のために上流の角、下流の角に竹をさす

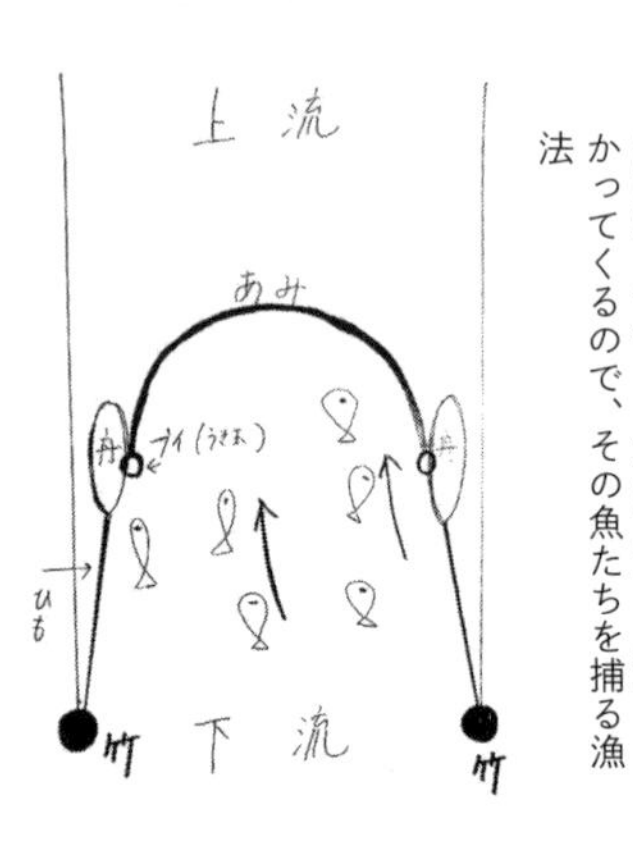

図7　流し網漁
川掃除で竹をさしたところに舟を止め、その竹に紐を巻く。舟は上流↓下流に向かって行き、魚が下流↓上流に向かってくるので、その魚たちを捕る漁法

サツキマスを捕る前の3月に取って待っておる。

二人とも漁師として意見が合わんとき、あるがね。「右行ったら、ぎょうさん、おったやろうに。左って言ったやわ！」って言ってね。でも、本当の喧嘩は一度もしたことございません。

昔の魚

昭和30年代の高度経済成長期に、長良川のような大きな川の魚が、公害で臭くて食えんようになった。サツキマスも食べられへん。ここ一帯は立地的に良かったから工場が多かって、その当時の工場付近は水質汚染。長良川の堤防の上に上がったら、プーンと川の臭いがした。田んぼに農薬を使うし、魚捕っても売れへんがね。もう、岐阜県では駄目やなあと。それから、まだ公害の影響が少なかった日本海側の福井県、石川県に淡水魚（川の魚）を捕りに行った。岐阜大学の先生が福井まで行ってナマズを捕って養殖しようと思ってね。やりだしたんやけど、お互いに共食いで食ってまうけ、養殖はなかなか難しかった。

生活の変化

時代が移って、だんだんと農薬も減ってきた。川もきれいになった。ほしたら、皆さんの食生活が変わってきた。ここ20年くれえ、大きなスーパーができて、ナマズの蒲焼やの、コイの刺身やの、そんなもん誰も食べんようになってしまったがね。皆、食べるのはね、アユ、サツキマス、ウナギ、モクズガニ（図8～10）。市場に出たって、そんだけしか売れへんがね。

アユ

一年中捕れる魚で、豊漁のときは通常30～50kgの10倍ぐれえ捕れたことがある（図11）。

図8　モクズガニのメス。寿命は7年。毎年2、3月に1円玉より小さい子供を産む。ハサミや手足が小さい。150g、卵があるためオスより価値が高い

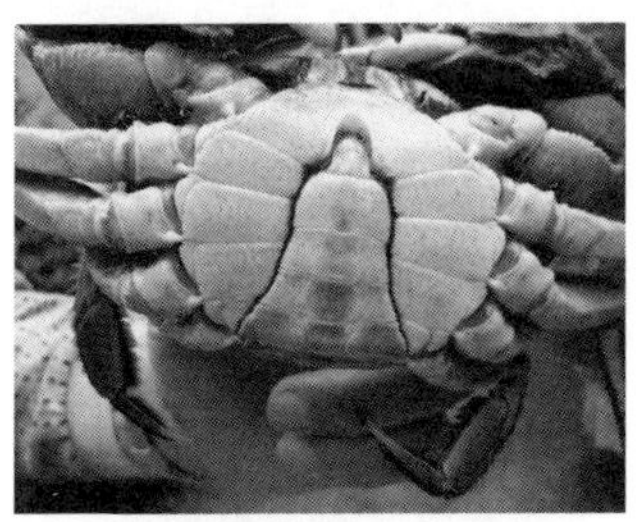

図9　モクズガニのオス。寿命は5年。メスよりハサミや手足が大きく、毛が多い。150g、メスより価値が低い

図10　カニカゴと呼ばれるこの網でモクズガニを捕る

図11　天然のアユ。大橋さんの少年時代は大漁だったが今では激減している

長良川河口堰とは

一種のダムのようなもの（図12）。河川の河口から下流にかけては、海水が遡上しており、上水道をはじめ、農業、工業など、人の利用には適さない。堰で河川を閉め切り、海水の遡上を遮断することで水の利用を図ること（水源開発）を主な目的として設置される。河口付近に設置され、現在のサツキマス漁獲量は設置前と比べて10分の1に激減している。

海水の遡上が起こるということで、塩害防止という理由で建っているが、すぐ隣の揖斐川（いびがわ）は河口から35kmまで塩水が遡上しているのに、一度も塩害が起きていない。大橋さんは今まで国や県を相手にして闘ったが、今でも行政やマスコミなどに河口堰の撤廃を訴え続けている。

図12　現在の長良川河口堰

でも、ここ数年、漁獲ゼロ。川が湖水化してまって、川底はアユの餌の、石についたコケがなしになってまったがね。餌のねえところに、どんな魚もおらんがね。

アユは川で産卵して、子供が海に行く代わりに、親が死んでしまう。そして春になったら、子供が大きくなって川へ戻ってくる。アユは子供で海に行って、子供で帰ってくるけど、すべてが（生まれた川に）帰ってくるわけではなくて、どこの川でも行ってまう。

アユは値段が安いんよ。天然のアユでも。なんで安いか言うたら養殖技術が発達してきた。養殖と天然は匂いが違う。見た目は天然のほうが、黄みがかっとる。食べたら、よっぽどおいしいけど。養殖は新鮮に見えて青い色しとるね。

大橋さんの活躍

今までテレビ局や新聞社は100件、取材なんかは200件くらいあったがね。小・中・高・一般と、講演は20～30件くらいやろがね。

仮に東京のいい大学に岐阜から行っても、戻ってきて生まれた故郷をようしたってくれえよと。魚は海まで行っても帰ってくるがね、よその川へ行かずに。そして、故郷へ帰ってきて事業を成功し、儲けて岐阜県をようしたってくれよと、いつも言っています。

学者やマスコミなどに、多岐にわたって漁法を伝えることは、私ら一代で終わらせるのはもってえねえがね。正しいことは、やっぱり継承して頂きてえし。どんなことでも知っとることは、嘘はつかず私と弟で教えてきました。

終わりに

もう、後継者はいません。私らで漁師すべて終わります。時代の流れやね。

でも、サツキマスは長良川のシンボルフィッシュやでなあ。残しといたらんとね。自分の体の動くかぎり、長良川を見守っていきたいと思っています。

Profile

大橋　亮一・おおはし　りょういち
生年月日：昭和10年2月21日
職業：川漁師（サツキマス漁など）
略歴：岐阜県羽島市生まれ。長良川漁業協同組合の筆頭副組合長を務める。川漁師の長男、三代目として15歳でプロ漁師を志す。自宅付近の長良川で漁師の弟と今でも二人、舟で漁に出ている。魚全般を捕るが、とくに5月が旬のサツキマスに力を入れ、全国的にも取材が絶えないほど有名である。

（出典：『第10回（平成23年度）聞き書き甲子園作品集』聞き書き甲子園実行委員会、一部改訂）

感　想

これほどの長い計7時間の対談は最初で最後でしょう。

レコーダーを「止めて」「流して」を繰り返す度に、カレンダーとにらめっこし、計画を立て一人で新幹線に乗りドキドキしていた頃のことをじわじわ思い出す書き起こしだった。作品がだんだんと完成していくにつれ名人の嬉しそうに話す顔が浮かんできた。出されたお茶も飲まずに夢中になっていた。高校生になって一番体力的にも精神的にもハードだった聞き書きでしたが、それくらい内容の濃い2日間だったのだと改めて思った。

そして私は名人から『続けることの大切さ』を学んだ。

「魚」といえば海の魚を私たちは思い浮かべるだろうけど、川の「魚」にもこれほどの命をかけて豊漁を祈り、65年漁師をやっているけど努力を怠らない漁師は他にいるのだろうか。名人は続ける意味を語らなかったが、名人の所得のほぼすべてがサツキマスだからというわけではないと思う。心から岐阜県を愛しているからこそ、地域の講演活動にも熱が入るし国相手にも訴えれる。それを見聞きする人も感動するからだと考える。そして、大橋さんには何度も分からない所について説明していただき本当に感謝しきれません。ありがとうございました。

◉主な参考文献

イアン カルダー 著／蔵治光一郎・林裕美子 監訳『水の革命――森林・食糧生産・河川・流域圏の統合的管理』築地書館、2008年
石川寛 編著『古文書・古絵図で読む木曽三川流域――旗本高木家文書から』風媒社、2021年
伊藤達也『水資源問題の地理学』原書房、2023年
伊藤達也・在間正史・富樫幸一・宮野雄一『水資源政策の失敗――長良川河口堰』成文堂、2003年
伊東祐朔『終わらない河口堰問題――長良川に沈む生命と血税』築地書館、2013年
大熊孝『洪水と水害をとらえなおす――自然観の転換と川との共生』農文協、2020年
大橋亮一・大橋修 語り／磯貝政司 聞き書き『長良川漁師口伝』人間社、2010年
嘉田由紀子 編著『流域治水がひらく川と人との関係――2020年球磨川水害の経験に学ぶ』農文協、2021年
蔵治光一郎『森の「恵み」は幻想か――科学者が考える森と人の関係』化学同人、2012年
佐原雄二・細見正明『メダカとヨシ』岩波書店、2003年
青土社「特集〈水〉を考える――水文学、河川工学から水中考古学まで」『現代思想』2023年11月号
関正和『大地の川――甦れ、日本のふるさとの川』草思社、1994年
高橋勇夫・東健作『天然アユの本』築地書館、2016年
長良川下流域生物相調査団『長良川下流域生物相調査報告書2010』(https://www1.gifu-u.ac.jp/~tmukai/nagara/index.html)、2010年
新村安雄『河口堰の生態系への影響と河口域の保全』財団法人日本自然保護協会、2000年
西廣淳・瀧健太郎・原田守啓・宮崎佑介・河口洋一・宮下直『人と生態系のダイナミクス⑤河川の歴史と未来』朝倉書店、2021年
日本魚類学会自然保護委員会 編『見えない脅威〝国内外来魚〟どう守る地域の生物多様性』東海大学出版会、2013年
向井貴彦 編著『岐阜県の魚類 第二版』岐阜新聞社、2019年
村上哲生・西條八束・奥田節夫『河口堰』講談社、2000年
横山尚巳『サツキマスが還る日――徹底検証・長良川河口堰の30年』山と溪谷社、2000年

◉年表　世界の環境問題と長良川

（富樫幸一・蔵治光一郎）

年	長良川と河口堰、河川政策に関する出来事	世界の環境問題に関する出来事
1950	国土総合開発法、木曽特定地域総合開発計画（51年12月指定、愛知用水55〜61年完成）	
1959	「長良川河口ダムの構想」、伊勢湾台風	
1961	水資源開発促進法、水資源開発公団（現水資源機構）発足	
1963	木曽三川河口資源調査団（KST）（〜1967）	
1964	河川法改正（1896年以来、治水が目的）、利水を位置づけ	
1965	木曽川水系工事実施基本計画決定 水資源開発促進法、木曽川水系指定	
1968	木曽川水系水資源開発基本計画（フルプラン）、長良川河口堰を含む	
1972		国連人間環境会議（ストックホルム）、国連環境計画（UNEP）設立 ローマ・クラブ『成長の限界』
1973	木曽川水系水資源開発基本計画全部変更、徳山ダムなど 長良川河口堰実施計画（方針は1971年） 河口堰建設工事差し止め訴訟	石油ショック
1976	安八水害	
1978	岐阜県、河口堰本体着工に同意	
1985	環境庁「名水百選」に指定	
1988	長良川河口堰本体工事起工 「河口堰に反対する国際シンポジウム」	
1990	日本自然保護協会「長良川河口堰問題専門委員会」発足 市民グループら「長良川河口堰建設に反対する流域連絡協議会」発足 北川石松環境庁長官が現職閣僚初の現地視察、「長官見解」を発表 WWF日本委員会が「建設の一旦中止と環境アセスの実施を求める要望書」を建設大臣と公団総裁に提出 建設省「『多自然型川づくり』の推進について」通達	

年	長良川関連	世界の環境問題
1992	ワシントン協約締結国会議が京都で開催。国内外の環境ＮＧＯ28団体が「建設即時凍結」の共同声明発表	環境と開発に関する国連会議（地球サミット）、気候変動枠組条約と生物多様性条約を採択
1993	85年の目標年を過ぎていた木曽川水系フルプラン変更（２０００年目標）、大幅見直しも、なお需要増加を予測	
1994	長良川河口堰が竣工　平成6年渇水 超党派国会議員「公共事業チェック機構を実現する議員の会」発足	ダニエル・ビアード米国開墾局総裁「アメリカにおけるダム建設の時代は終わった」と宣言
1995	三重県長島町で長良川河口堰に関する円卓会議を開始、4月まで計8回 長良川河口堰の本格運用開始 野坂浩賢建設大臣「ダム事業に対する評価システム」新設方針決定	
1997	河川法改正、長良川河口堰事業の教訓も踏まえ、住民参加と河川環境を位置づけ	
1998	愛知県、知多半島へ給水する長良導水、三重県中勢地域へ取水開始、知多では水質を改善するため活性炭を大量に使用	
2001	「日本の水浴場88選」（河川で唯一）に選定	
2002		持続可能な開発に関する世界首脳会議（ヨハネスブルク）
2004	木曽川水系フルプラン変更（15年目標） 洪水時に塩水が侵入し長良導水の取水停止約67時間続く 台風23号、岐阜市忠節で観測史上最大のピーク流量を記録	
2008	全開操作の過程で7号ゲートの電動機に不具合が発生	
2009	民主党政権成立「コンクリートから人へ」、全国のダム事業再検証開始	ロックストローム「プラネタリー・バウンダリー」発表
2010		生物多様性条約締約国会議（ＣＯＰ10）名古屋で開催
2011	愛知県長良川河口堰検証プロジェクトチーム、同専門委員会発足	東日本大震災
2012	愛知県長良川河口堰最適運用検討委員会が設置される	
2014	水循環基本法	
2015	「清流長良川の鮎」が世界農業遺産に認定 岐阜市が長良川の天然遡上アユを準絶滅危惧種に指定（２０２３年削除）	国連サミットにて持続可能な開発目標ＳＤＧｓ採択 気候変動枠組条約締約国会議（ＣＯＰ21）パリ協定採択
2018	台風21号、24号の高潮時操作で堰上流に塩水が侵入	
2021	流域治水関連法	

◉執筆者一覧（執筆順、所属は執筆時）

◆印は愛知県長良川河口堰最適運用検討委員会委員

蔵治光一郎（東京大学大学院農学生命科学研究科教授）◆
奥付の「編者」を参照。

岩佐昌秋（小瀬鵜飼・宮内庁式部職鵜匠）
１９４４年岐阜県関市生まれ。日本で唯一、御料鵜飼を行なう宮内庁式部職鵜匠（長良６名、小瀬３名）の一人。高校教諭の傍ら父の手伝いで鵜舟に乗り、１９９３年から式部職鵜匠に就任。

中山文夫（長良川中央漁業協同組合副組合長）
１９５２年岐阜県美濃市生まれ。長良川中流を漁場とし、８歳から父と漁に出る。「夜川網」を行なう最後の漁師。光と音でアユを驚かせ、網に追い込む伝統漁を40年以上続けている。

大橋亮一（長良川漁師、故人）（◆２０１９年に亡くなるまで委員）
１９３５年岐阜県羽島市生まれ。長良川漁業協同組合の筆頭副組合長を務める。弟と70年にわたりサツキマスなどの漁に従事。河口堰の開門を訴え続けた。共著に『長良川漁師口伝』。

平工顕太郎（長良川漁師、結の舟代表、長良川漁業協同組合総代）
１９８３年岐阜県各務原市生まれ。日本大学生物資源科学部海洋生物資源科学科卒。長良川鵜飼の鵜舟船頭を務めた。和船ツーリズム、川魚の６次産業化、伝統漁法・木造和船の継承などに取り組む。

高橋勇夫（たかはし河川生物調査事務所代表）
１９５７年高知県生まれ。長崎大学水産学部卒。博士（農学）。（株）西日本科学技術研究所で水生生物の調査とアユの生態研究に従事。２００３年に退社、独立。著書に『天然アユの本』など。

古屋康則（岐阜大学教育学部教授）◆
１９６４年北海道旭川市生まれ。北海道大学大学院水産学研究科博士課程修了。博士(水産学)。日本魚類学会代議員。魚類の生殖様式に関する生理生態学的研究、生物教材の開発に関する研究に従事。

向井貴彦（岐阜大学地域科学部教授）◆
１９７１年滋賀県生まれ。専門は魚類学、生物地理学、保全生態学。日本魚類学会自然保護委員。日本列島の自然の成り立ちと生物の進化・多様化を研究。著書に『岐阜県の魚類』など。

原田守啓（岐阜大学流域圏科学研究センター准教授・地域環境変動適応研究センター長）
１９７６年静岡県生まれ。岐阜大学大学院工学研究科土木工学専攻修了。博士（工学）。専門は河川工学、土砂水理学、応用生態工学。治水と環境保全を両立した流域管理・

河川管理を研究。

小島敏郎（元青山学院大学国際政治経済学部教授）◆座長
１９４９年岐阜県生まれ。東京大学法学部卒。環境庁で環境基本法など立案。環境省地球環境局長、地球環境審議官として気候変動枠組条約などに取り組み、２００８年退官。愛知県政策顧問。

今本博健（京都大学名誉教授）◆
１９３７年大阪府生まれ。専門は河川工学、防災工学。１９７５年より京都大学教授、２００１年定年退官。京都大学防災研究所所長、淀川水系流域委員会委員長など歴任。水工技術研究所代表。

藤井智康（奈良教育大学理科教育講座教授）◆
１９６７年愛知県生まれ。専門は陸水物理学、沿岸海洋学。博士（理学）。河川の水質特性、ダム放流水の影響、河口域の水環境、沿岸域の貧酸素水塊の発生消滅過程・二酸化炭素の挙動など研究。

鈴木輝明（名城大学大学院総合学術研究科特任教授）◆副座長
１９５０年愛知県生まれ。愛知県水産試験場長を経て現職。博士（農学）。内湾の貧酸素化に関する研究で水産海洋学会宇田賞・論文賞。共著に『水産の21世紀』『干潟造成法』など。

富樫幸一（岐阜大学名誉教授）◆
１９５６年山形県生まれ。東京大学大学院理学系研究科博士課程単位取得退学。博士（理学）。専門は経済地理学。地域経済・水資源政策を研究。共著に『水資源政策の失敗 長良川河口堰』など。

伊藤達也（法政大学文学部教授）◆
１９６１年愛知県生まれ。金沢大学法文学部卒業後、名古屋大学にて学位取得。博士（環境学）。金城学院大学現代文化学部教授を経て現職。著書に『水資源問題の地理学』『水資源開発の論理』『木曽川水系の水資源問題』など。

武藤　仁（長良川市民学習会事務局長）◆
１９５０年岐阜県生まれ。２０１０年名古屋市上下水道局退職。技術士（上下水道部門）。１９８０年代から木曽三川のダム・水問題の市民運動に参加。２００７年から長良川市民学習会事務局長。

青山己織（通訳）
１９５８年愛知県生まれ。愛知教育大学数学科卒。通訳・翻訳者。長良川河口堰反対などのＮＧＯ活動で同時通訳、翻訳などに従事。現在リバーポリシーネットワーク海外担当・通訳。

尾瀬妃那実（岡山南高等学校1年生、当時）
第10回（２０１１年）聞き書き甲子園に参加。サツキマス漁などの名手・名人として知られた長良川漁師の大橋亮一さん（当時76歳）のライフヒストリーを聞き書き作品として残した。

編　者

蔵治光一郎（くらじ・こういちろう）

1965年東京都生まれ。東京大学大学院農学生命科学研究科教授。博士（農学）。専門は森林水文学、森と水と人の関係。1989年東京大学農学部林学科卒業。同大学院博士課程在学中、青年海外協力隊員としてマレーシア・サバ州森林研究所に勤務。東京大学助手、東京工業大学講師、東京大学大学院農学生命科学研究科附属演習林准教授、同・愛知演習林長、同・生態水文学研究所長を経て現職。愛知県長良川河口堰最適運用検討委員会委員、矢作川森の研究者グループ共同代表、水循環基本法フォローアップ委員会座長などを務める。

単著に『森の「恵み」は幻想か　科学者が考える森と人の関係』（化学同人）、『「森と水」の関係を解き明かす　現場からのメッセージ』（全国林業改良普及協会）、共著に『森林水文学　森林の水のゆくえを科学する』（森北出版）、『社会的共通資本としての川』（東京大学出版会）など、共訳書に『水の革命　森林・食糧生産・河川・流域圏の統合的管理』（築地書館）、編著に『水をめぐるガバナンス　日本、アジア、ヨーロッパの現場から』（東信堂、第19回高知出版学術賞）など、共編著に『森の健康診断　100円グッズで始める市民と研究者の愉快な森林調査』『緑のダムの科学　減災・森林・水循環』（築地書館）など多数。

長良川のアユと河口堰
川と人の関係を結びなおす

2024年3月5日　第1刷発行

編　者　　蔵治光一郎

発行所　　一般社団法人 農山漁村文化協会
〒335-0022　埼玉県戸田市上戸田2丁目2-2
電話　048（233）9351（営業）
電話　048（233）9355（編集）
FAX　048（299）2812　振替　00120-3-144478
https://www.ruralnet.or.jp/

印刷　　（株）光陽メディア
製本　　根本製本（株）
DTP製作　（株）農文協プロダクション

＜検印廃止＞
ISBN 978-4-540-23127-8